中国野生动物保护协会 编

探秘野生动物与病原体

西北大学出版社
西安

图书在版编目（CIP）数据

探秘野生动物与病原体 / 中国野生动物保护协会编. —
西安：西北大学出版社，2020.4
　　ISBN 978-7-5604-4515-1

　　Ⅰ.①探… Ⅱ.①中… Ⅲ.①野生动物—少儿读物
②病原体—少儿读物　Ⅳ.①Q95-49②S432.4-49

中国版本图书馆CIP数据核字（2020）第061189号

编写委员会

主　　任	陈凤学					
副 主 任	李青文	郭立新				
委　　员	尹　峰	雷成亮	钟　海	卢琳琳	范梦圆	彭　鹏	陈　旸
	陈冬小	赵星怡	梦　梦	朱思雨	栾福林	孙晓明	周大庆
主　　编	卢琳琳	雷成亮	范梦圆			
执行主编	何宏轩					
编　　者	王　业	何亚鹏	李　刚	罗　静	袁国辉	袁小松
摄　　影	谢建国	徐永春	孙晋强	丁宽亮	顾晓军	蔡　琼	林根火
	李维东	赵建英	李　理	冯　江	吴　颖	齐险峰	张维芳
	孙华金					

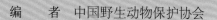

探秘野生动物与病原体
TANMI YESHENG DONGWU YU BINGYUANTI

编　　者	中国野生动物保护协会
出版发行	西北大学出版社
地　　址	西安市太白北路229号
邮　　编	710069
电　　话	029-88305287
经　　销	新华书店
印　　装	陕西龙山海天艺术印务有限公司
开　　本	889毫米×1194毫米　1/16
印　　张	7.5
字　　数	130千字
版　　次	2020年4月第1版　2020年4月第1次印刷
书　　号	ISBN 978-7-5604-4515-1
定　　价	98.00元

序

　　地球，是生命的摇篮，是人类与野生动物共同的家园。野生动物是地球家园亿万年生命进化的结果，是生态系统的重要组成部分。

　　随着人类社会的不断进步，人类对野生动物的影响也不断加深。人类与野生动物的关系十分复杂，每种野生动物在生态系统中都有其独特的功能及定位。人与野生动物是生命共同体，我们必须重新思考人与野生动物的关系，共建人与自然和谐共生的美丽家园。

　　我们有权利选择自己的生活方式，但也要顾及我们的生活方式可能会给野生动物的生存带来影响。选择健康的生活方式、与野生动物保持科学合理的距离、不破坏野生动物的栖息地，这是我们每个人义不容辞的责任，也是我们每个人能对生态保护做出的最好贡献。

　　我们相信，只要做出小小的选择和改变，人人都可以成为野生动物保护者。

中国野生动物保护协会

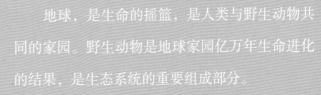

前言

　　自然之大，人在其中。人与自然是和谐共生、互惠互利的统一体，保护自然其实就是保护人类自己。野生动物与人类一样是大自然中必不可少的存在，若人类逾越了与野生动物和谐相处的边界，破坏了自然界原本的平衡，就可能会打开疫病传播的"潘多拉魔盒"，随之而来的必将是惨痛的教训。

　　为提升少年儿童对野生动物的认知度，使他们更好地了解有关野生动物的基本常识，我们编写了这本《探秘野生动物与病原体》。本书共分为哺乳纲、鸟纲、爬行纲、两栖纲、辐鳍鱼纲、腹足纲六个部分，每部分都挑选了一些具有代表性的野生动物和相关的病原体，本着通俗易懂、图文并茂的原则，简要介绍了每种野生动物的形态特征、生活习性和病原体等相关知识。希望通过本书使少年儿童了解更多关于野生动物的知识，提高他们对野生动物和动物疫病的认识，提醒大家正确认识和对待人与自然的关系。

　　由于编写时间紧急，书中难免存在疏漏之处，恳请广大读者提出宝贵意见。

何宏轩

2020年3月

目录

哺乳纲

1. 狼

狼是全世界犬科动物中体形最大的物种，也是家狗的祖先。我国曾是狼种群数量最大的国家之一，但因栖息地破坏和人为捕杀等原因，狼在我国的分布区域大为缩小。

分类

纲：哺乳纲	目：食肉目	科：犬科

形态特征

狼头体长87～130厘米，尾长35～50厘米。雄性体重20～80千克，雌性体重18～55千克。毛色通常为灰色，也有一些为棕黄色、棕灰色和灰黑色。

分布范围

狼广泛分布于北半球欧亚大陆和北美洲北部，在我国主要分布在青藏高原和内蒙古高原及其周边地区。

生活习性

狼多为群居，以狼群出现，领域观念和个体等级制度很强；大多聪明又机警，可以通过气味、叫声与同伴沟通；喜欢夜行，感官发达，擅长长距离奔跑。

食性

狼主要捕食野生有蹄类动物，以黄羊、马鹿、野兔、旱獭等食草动物及啮齿动物为主。

繁殖方式

狼的繁殖期在每年的11月份，每年繁殖一次，孕期为60天左右，平均每胎产仔6只。

 常感染的病原体——狂犬病毒

狼常感染的病原体为狂犬病毒。该病毒属于弹状病毒科、狂犬病毒属。病毒粒子外形呈子弹状，长100～300纳米，直径75纳米，一端呈圆锥形，另一端扁平。该病毒对外界的抵抗力不强，56摄氏度15～30分钟即可被灭活。

 该病原体引发的疾病——狂犬病

狂犬病是一种古老的疾病。据《史记》记载，该病可能起源于亚洲或欧洲，是一种人兽共患传染病，因此对人类的威胁极大。狂犬病的主要传染源为发病的犬科动物，人被病犬咬伤或抓伤后均可感染，少数报道病例可见通过气溶胶感染。人感染发病后会出现发热、狂躁、焦虑等症状，以及常见的"恐水症"，就是患者因吞咽时咽喉肌肉痉挛而害怕喝水。

该病主要依靠疫苗来预防，目前并无特效治疗药物。

科学加油站

气溶胶是指悬浮在气体中的极细微的固体颗粒或液体微滴。

2. 野牦牛

野牦牛是生活在海拔最高处的哺乳动物之一，以适应高寒气候著称。野牦牛为国家一级保护动物。

分类

纲：哺乳纲	目：偶蹄目	科：牛科

形态特征

野牦牛雄性个体明显大于雌性，雌雄均有角，角为黑色，雄性角大。蹄质坚实且有软垫，四肢短而强健。躯体上方被毛短而光滑，体侧、腹面及尾部毛长而下垂，常常接近地面。野牦牛体长约2.5米，肩高近2米，全身毛色以深黑褐色为主。

分布范围

野牦牛目前仅存于我国的青藏高原，其核心分布区为青海、西藏和新疆等西部地区。

生活习性

野牦牛生活在海拔3000～5000米的高寒地区，是典型的高寒动物，能耐零下40至零下30摄氏度的严寒。一般雌雄、老幼一起活动，少则数十头，多则200头以上。部分年老的雄兽性情孤僻，夏季常离群而居，仅三四头一起活动。

食性

野牦牛的食物来源主要包括草和莎草，如苔藓、针茅等。它们多在夜间和清晨出来觅食。

繁殖方式

野牦牛的发情期为每年9月末、10月初。受孕的野牦牛会在翌（yì）年夏初产仔，每胎1仔。

常感染的病原体 —— 布鲁氏菌

野牦牛常感染的病原体为布鲁氏菌。该细菌属于布鲁氏菌科、布鲁氏杆菌属。细菌的外形呈球状或球杆状，在干燥环境中可存活很久，加热或煮沸可以将细菌杀死。

该病原体引发的疾病 —— 布鲁氏菌病

布鲁氏菌病简称布病，是由布鲁氏菌引起的一种人兽共患传染病，据统计全世界有170多个国家和地区有布病疫情的存在。该病的传染源主要是发病及带菌的牛、羊、猪等。

该病一般首先在同种动物间流行传播，若人接触或食入、吸入感染动物的分泌物、尸体及污染的肉、奶等也易感染。暂时没有发现人与人之间的水平传播。

人感染发病后，主要有发热、多汗、疼痛、乏力等症状。人们根据布病的特点为其起了一些形象的名字：有的因病期较长，称为"千日病"；有的因患病后全身无力、不能干活、整天懒洋洋的，称为"懒汉病""蔫巴病"等。

科学加油站

水平传播是指病原体在人群中的传播，即经水、食物、空气、日常生活用品、接触及土壤等的传播。

3. 长颈鹿

长颈鹿是世界上现存最高的陆生动物，2米的长脖子使其具有与众不同的优雅仪态。它们大多性情温顺和善，因此深受人们喜爱。

分类

纲：哺乳纲　　目：偶蹄目　　科：长颈鹿科

形态特征

长颈鹿体形较大，体重约700千克，站立时身高可达6～8米，而刚出生的幼仔就有1.5米高；皮毛花色多为斑点和网纹；额头较宽，嘴巴较尖，大大的耳朵竖立着，头顶有一对由皮肤和茸毛包裹的骨质短角；四肢高大又强壮。

分布范围

长颈鹿有9个亚种，全部栖息于非洲热带或亚热带的草原、灌木丛、干旱而开阔的地带和树木稀少的半沙漠地带，如非洲的南非、埃塞俄比亚、肯尼亚、坦桑尼亚等国家。

生活习性

长颈鹿喜欢小群居生活，偶尔独居，没有领土意识，擅于交际，活动区域为50平方千米，有时会和斑马、鸵鸟、羚羊混群而居；嗅觉和听觉非常敏锐，胆子较小但很机警，平时走路悠闲，奔跑起来却非常迅速。

食性

长颈鹿在野外主要吃各种树叶，尤其喜欢含羞草属的树叶。1头长颈鹿每天能摄入63千克树叶和嫩枝。

繁殖方式

长颈鹿的繁殖期并不固定，全年都可以进行交配，高峰期一般在雨季。孕期为15个月，每胎产1仔。幼仔出生20分钟后就能站立，数小时后就能奔跑。长颈鹿一般4岁时性成熟，但雄性在7岁前很少有交配的机会。

常感染的病原体 —— 炭疽杆菌

长颈鹿常感染的病原体为炭疽杆菌。该细菌属于芽孢杆菌科、芽孢杆菌属。菌体外型粗大，两端平截或凹陷，排列似竹节状，无鞭毛，无动力，革兰氏染色阳性，大小为（1.0～1.2微米）×（3～5微米）。炭疽杆菌在干燥的室温环境中可存活数十年。煮沸10分钟，或干热140摄氏度3小时可将芽孢杀死。

该病原体引发的疾病 —— 炭疽

炭疽是由炭疽杆菌引起的一种人兽共患的急性传染病。炭疽散布于世界各地，尤以南美洲、亚洲及非洲等区域的牧区多见，呈地方性流行。炭疽杆菌能引起羊、牛、马等动物的炭疽病，人直接接触感染动物或食用感染动物的肉、奶等后容易发生感染。人感染会出现皮肤坏死、溃疡、水肿等症状。

科学加油站

芽孢是指某些细菌在其生长发育后期，在菌体内形成的一个圆形或椭圆形的休眠构造，又称内生孢子。

007

4. 黑猩猩

黑猩猩是和人类最相似的高等动物，与人类血缘关系最近。它们能辨别不同的颜色，能发出32种不同意义的叫声，能使用简单的工具，是已知的除人类之外最聪慧的动物。

分类

纲：哺乳纲	目：灵长目	科：人科

形态特征

黑猩猩体长70～92.5厘米，站立时高1～1.7米，雄性体重56～80千克，雌性体重45～68千克；身体被毛较短，黑色，臀部通常有一白斑，面部呈灰褐色，手和脚为灰色并覆盖着稀疏的黑毛；幼猩猩的鼻、耳、手和脚则为肉色；耳朵特别大，向两旁突出，眼窝深凹，眉脊很高，头顶毛发向后；手长24厘米左右；牙齿与人类相同，没有尾巴；拇指（趾）不发达，但已和其他四指（趾）对立，能巧攀树木，可握物和投物。

分布范围

黑猩猩主要分布在非洲中部和西部。

生活习性

黑猩猩栖息于热带雨林，集群生活，每群2～20余只，由1只成年雄性率领。它们在树上建简单的巢。较大的猩猩能栖息在树上，也能用略弯曲的下肢在地面上行走，活动面积为26～78平方千米。群与群之间会有往来，会长久保持母子关系，分群后孩子还常回群中探望自己的母亲。与人类相似，黑猩猩有午休的习惯。

食性

黑猩猩食量很大，喜欢吃水果、树叶、根茎、花、种子和树皮，有些个体则经常吃昆虫、鸟蛋，或捕捉小羚羊、小狒狒等体形偏小的动物。

繁殖方式

黑猩猩一年四季均可发情，春秋两季最为旺盛。孕期一般为8～9个月，每胎1仔，哺乳期1～2年。黑猩猩约12岁性成熟，寿命约为40年。

 常感染的病原体 —— 埃博拉病毒

黑猩猩常感染的病原体为埃博拉病毒。该病毒属于丝状病毒科、丝状病毒属。该病毒是一种RNA（核糖核酸）病毒，有4个亚型，其中Z型和S型毒力最强，人感染后病死率高；C型对黑猩猩有致死性，但对人毒力较弱；R型对灵长类动物有致死性，但人感染后不发病。

该病原体引发的疾病 —— 埃博拉出血热

埃博拉出血热是由埃博拉病毒引起的一种急性出血性、发热性人兽共患传染病，20世纪70年代在非洲首次被发现。主要传染源为患病和携带病毒的野生动物或者人，人接触后易感染，也可通过空气和性传播，发病后会出现发热、厌食、体内外出血等症状，死亡率较高。

科学加油站

RNA是指核糖核酸，是病毒等少数生物的遗传物质。

5. 梅花鹿

梅花鹿是亚洲东部的特产种类，它们体态优美，性情温柔，非常有灵性，国内已大量进行人工饲养。梅花鹿为国家一级保护动物。

分类

纲：哺乳纲	目：偶蹄目	科：鹿科

形态特征

梅花鹿是一种中型鹿，体长1.4～1.7米，肩高0.85～1米，成年体重100～150千克，雌鹿较小，雄鹿一般有四个叉的角；背中央有暗褐色背线，尾巴较短。梅花鹿的毛色随季节而变化，它们在夏季毛呈棕黄色，满身分布着白色梅花斑点，故称梅花鹿。它们的臀斑为白色。

分布范围

梅花鹿主要分布在俄罗斯东部、日本和中国。在我国，梅花鹿分布于东北的吉林，西南的四川、甘肃，和华东的江西、浙江等地，栖息地高度破碎化。

生活习性

梅花鹿通常生活于森林边缘或山地草原地区。季节不同,其栖息地也有所改变。雄鹿平时独居,发情交配时会回归群体,在求偶时会发出像绵羊一样的"咩咩"声。

食性

梅花鹿食谱广泛,只要是无毒无刺的树叶、嫩枝、野草、青菜、果实等都可以是它们的食物。你知道吗,它们还喜欢在盐碱地舔食盐碱。

繁殖方式

成年梅花鹿一年繁殖一次,9—11月发情交配。雄鹿间争夺配偶很激烈,各自占有一定的地盘。雌鹿的孕期为220~240天,翌年5—7月分娩,每胎1仔。

 常感染的病原体 —— 结核分枝杆菌

梅花鹿常感染的病原体为结核分枝杆菌。该细菌属于分枝杆菌科、分枝杆菌属。具有致病性的分枝杆菌主要有人型、牛型和禽型。菌体长0.2~0.5微米,宽1.5~4.0微米,呈平直或稍弯曲形,两端钝圆。该细菌抵抗力强,尤其耐干燥和低温,但对热很敏感,60摄氏度30分钟就能杀灭,煮沸则立即死亡。70%酒精和10%漂白粉数分钟可杀死该菌。

该病原体引发的疾病 —— 结核病

结核病是一种古老的疾病,有数千年的历史,是由结核分枝杆菌引起的人兽共患慢性传染病。主要传染源为患病的动物和人,可通过痰液、粪、尿、乳汁等传播,也可通过饮水、空气传播。该病起病较缓,病程漫长,人感染后常有低热、乏力、咳嗽、咯血等症状。

科学加油站

偶蹄目是哺乳动物的一个大型分支,现存300余种,以大型、中型草食性有蹄类哺乳动物为主。偶蹄目其第一趾消失,第三、四趾等大,重量轴通过两趾之间,第二和第五趾退化或消失,倘若第二和第五趾出现,也要比第三和第四趾小。

6. 亚洲长翼蝠

蝙蝠是目前已知的唯一具有飞行能力的哺乳动物。亚洲长翼蝠是我国较常见的蝙蝠种类，因其具有相对狭长的翼而得名。

纲：哺乳纲	目：翼手目	科：蝙蝠科

形态特征

亚洲长翼蝠体长5厘米左右，尾长5厘米左右，前臂长4.5～5厘米，属于小体形蝙蝠，全身骨质轻，体重10克左右，耳短而宽，毛短而密，被毛扩展到鼻子后方，背部毛呈黑褐色，腹部毛呈深棕色。

分布范围

亚洲长翼蝠分布于日本、韩国、泰国、尼泊尔、印度、越南等东亚、南亚和东南亚地区，在我国主要分布于广东、海南、云南、福建以及香港、澳门等地。

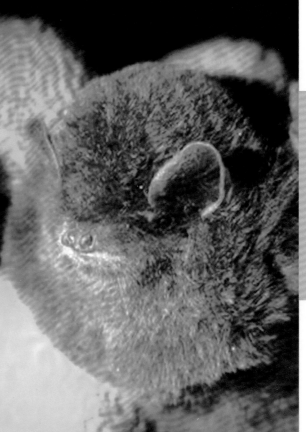

生活习性

亚洲长翼蝠为夜行性动物，通常集群生活于温暖潮湿的洞穴中或家舍。它们视觉较差，听觉却异常发达，能利用回声定位自由地飞翔和准确无误地捕捉食物。

食性

亚洲长翼蝠主要以昆虫和其他小型节肢动物为食，捕食体形较大的膜翅目（蜂、蚁）和双翅目（蚊、蝇）。

繁殖方式

亚洲长翼蝠每年繁殖一次，每胎产1～2仔。幼仔初生时无毛或少毛，常在一段时间内没有视觉和听觉；但幼仔生长很快，一般在6～8周龄时即可达到成体大小。

 常感染的病原体 —— 乙型脑炎病毒

亚洲长翼蝠常感染的病原体为乙型脑炎病毒，简称乙脑病毒。该病毒属于黄病毒科、黄病毒属。病毒粒子直径为30～40纳米，呈球形，属于RNA病毒。乙脑病毒抵抗力不强，用消毒剂就可将其杀死。

 该病原体引发的疾病 —— 流行性乙型脑炎

流行性乙型脑炎简称乙脑，是一种人兽共患急性传染病，被世界卫生组织列为需要重点控制的传染病之一，多种动物均易感染，病死率较高，严重危害着人类的健康。该病分布很广，日本、中国等地经常流行；有明显的季节性，多见于夏秋季；可以通过库蚊叮咬传播。马、牛、羊、猪、禽类及人等均可感染发病。人感染后会引起脑炎，潜伏期10～15天。大多数患者症状较轻或呈隐性感染，少数会出现高热、意识障碍、惊厥等症状，及时救治可以有效降低死亡率。

库蚊也叫家蚊、常蚊，为双翅目、蚊科，是同类属的若干物种的总称。成虫多为黄棕色，翅膀上没有斑点，是传播丝虫病和流行性乙型脑炎的媒介。

哺乳纲

7. 浣熊

浣熊是杂食动物，其形态、结构与熊科动物类似，呆萌可爱，但体形要比熊科动物小，为中小型兽类。

分类

纲：哺乳纲	目：食肉目	科：浣熊科

形态特征

浣熊最大的特征是眼睛周围的黑色区域；尾巴有5~6个黑色环纹，体长65~75厘米，尾巴长约25厘米，皮毛大部分为灰色，也有部分为棕色和黑色以及罕见的白化种。成年浣熊的重量因栖息地的不同而差异很大，通常为3.5~9千克。

分布范围

野生浣熊主要分布于欧洲和北美地区，目前世界各地都有作为观赏动物或宠物的浣熊分布。在我国，浣熊主要作为一种观赏动物分布于全国各地的动物园内。

生活习性

野生浣熊是游泳健将，其栖息地一般都临近水源。它们喜欢潮湿的森林地区，昼伏夜出。它们的视觉并不发达，因此通常需要用触觉来辨别物体。

食性

浣熊属于杂食动物，水果、昆虫、鸟蛋等它们都会吃。

繁殖方式

浣熊的繁殖期为1月或2月，在4月或5月产下幼仔，一胎4～5仔。浣熊一般住在树洞、地洞或山洞中。幼仔夏末就可以开始独立生活。浣熊并不冬眠，但在严寒的冬季也会尽量躲起来。它们大部分寿命较短，野生的浣熊已知最长寿命为12年。

● 常感染的病原体 —— 浣熊贝蛔虫

浣熊常感染的病原体为浣熊贝蛔虫。该寄生虫属于蛔科、贝蛔属，虫体呈细长状，雌虫长14～28厘米，雄虫长7～12厘米。虫卵呈黄色或黄褐色的椭圆形，大小为（68～76微米）×（56～61微米），卵壳较厚。浣熊贝蛔虫对外界环境有较强的抵抗力，但不耐高温，高于62摄氏度即可将其杀灭。

● 该病原体引发的疾病 —— 浣熊贝蛔虫病

浣熊贝蛔虫病是由浣熊肠道内的浣熊贝蛔虫引起的一种人兽共患寄生虫病，危害极为严重。浣熊食入虫卵后，虫卵在肠道内孵化，感染后第50～76天可排出虫卵。浣熊、长鼻浣熊、圆尾猫等均易感染，人则主要通过接触被浣熊粪便污染的物品而感染。浣熊感染该寄生虫后症状不太明显，人感染后表现出昏迷、瘫痪等症状，严重的可引起死亡。

科学加油站

寄生虫是指具有致病性的低等真核生物，可作为病原体，也可作为媒介传播疾病。

8. 华南虎

　　华南虎，也称中国虎，是我国特有的虎种，属于中国十大濒危动物之一。目前野外已难觅野生华南虎的踪迹。华南虎为国家一级保护动物。

分类

纲：哺乳纲	目：食肉目	科：猫科

形态特征

华南虎头圆，耳朵短，四肢粗大有力，尾巴较长，尾长80~100厘米，全身毛色橙黄并布满黑色横纹，胸腹部有较多的乳白色毛。它们在亚种老虎中体形最小，雄虎身长约2.5米，体重约150千克；雌虎身长约2.3米，体重约110千克。

分布范围

野生华南虎是典型的山地林栖动物，主要生活在我国南方的自然保护区。

生活习性

华南虎喜欢单独生活，多在夜间活动，嗅觉灵敏，行动敏捷，会游泳，但不能爬树。

食性

华南虎主要以鹿、野猪、狍子等动物为食。

繁殖方式

野外已经很少能发现华南虎的踪迹，目前主要依靠人工繁育。我国主要的华南虎保护繁育基地有中国华南虎苏州培育基地、粤北华南虎驯养繁殖研究中心、福建龙岩梅花山华南虎繁育基地。

常感染的病原体 —— 脑心肌炎病毒

华南虎常感染的病原体为脑心肌炎病毒。该病毒属于微小RNA病毒科、心病毒属。病毒粒子呈圆形，直径27纳米，无囊膜，对酸有一定的抵抗力，在零下70摄氏度可长期保存，冻干或干燥常可使病毒丧失感染力。

该病原体引发的疾病 —— 脑心肌炎

脑心肌炎是由脑心肌炎病毒感染引起的一种人兽共患急性传染病，猪、大象、狒狒、长颈鹿、华南虎等多种野生动物均可感染发病。成年动物是脑心肌炎的主要传染源，人接触后也易感染。2012年，福建省梅花山国家级自然保护区发现3只华南虎死亡，经病原学检测确定为脑心肌炎病毒引起的死亡。人感染后会有脑炎、心肌炎或心肌周围炎等疾病的表现。

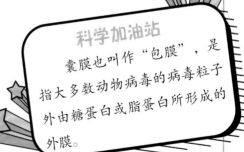

科学加油站

囊膜也叫作"包膜"，是指大多数动物病毒的病毒粒子外由糖蛋白或脂蛋白所形成的外膜。

9. 中国豪猪

中国豪猪体形粗大，是一种大型的啮齿类动物，以棘刺闻名。棘刺对豪猪有保护作用。当遇到敌人时豪猪会竖立棘刺并抖动，发出"沙沙"的声响；在紧急情况下豪猪会先后退，再用力扑向敌人，将棘刺插入其身体。

分类

纲：哺乳纲	目：啮齿目	科：豪猪科

形态特征

中国豪猪身体肥壮，体长50～75厘米，体重20千克左右。背部长有像箭镞一样的棘刺，特别是臀部的棘刺长得更长、更多，其中最粗的像筷子一般，最长的可达半米。每根棘刺黑白相间，鲜明夺目，并混有黑白短毛。

分布范围

中国豪猪主要分布于我国中部和南部，如四川、湖南、福建等地。

生活习性

野生的中国豪猪是夜行性动物，喜欢阴暗、凉爽的生长环境，在不同类型的森林里栖息，有时也会游荡到栖息地附近的农业区。

食性

中国豪猪大多食草，也会吃各种植物的根、茎以及浆果等水果和花生等农作物。它们能很熟练地用前爪处理食物，先使劲儿把食物"钉"在地上，再用力咬碎吃掉。

繁殖方式

中国豪猪的繁殖无季节性限制，除孕期外均可发情交配。孕期为3个月左右，多数年产2胎，每胎产仔2~3只。新出生的小豪猪体重为300~330克。

 常感染的病原体 —— 鼠疫耶尔森菌

中国豪猪常感染的病原体为鼠疫耶尔森菌。该细菌属于肠杆菌科、耶尔森菌属。菌体为短小的球杆菌，对外界抵抗力较强，在寒冷、潮湿的条件下不易死亡，在零下30摄氏度仍能存活，可耐日光直射1~4小时，在冻尸中能存活4~5个月，但对一般消毒剂、杀菌剂的抵抗力不强。

该病原体引发的疾病 —— 鼠疫

鼠疫是由鼠疫耶尔森菌引起的一种烈性传染病，也叫作黑死病，曾是人类历史上最严重的瘟疫之一，是中国法定的甲类传染病。鼠疫一般最先在同种动物间传播，后通过鼠、蚤吸血传播。人被感染的鼠、蚤叮咬后会感染，也可以因为宰杀感染后的动物，通过自身破损的伤口而感染。

人感染发病后，可见高热、寒战等症状，严重者多死于休克及呼吸衰竭。因鼠疫感染者病死后全身皮肤呈黑紫色，故鼠疫有黑死病之称。

科学加油站

甲类传染病是指传染性强，病死率高，易引起大流行的烈性传染病。根据《中华人民共和国传染病防治法》规定，甲类传染病包括鼠疫和霍乱。

10. 雪兔

雪兔是寒带、亚寒带的代表动物之一，是一类体形较大的野兔。它们耳朵短，尾巴也短，是中国唯一一种在冬季毛变成白色的野兔。雪兔为国家二级保护动物。

分类

纲：哺乳纲	目：兔形目	科：兔科

形态特征

雪兔体形略大于草兔，体长一般为50厘米左右。雪兔在冬季除了耳尖和眼周是黑色的之外，全身毛色变为雪白，非常适合在雪地中隐藏行踪；到了夏季毛色则变为棕褐色。

分布范围

雪兔在国外分布较广，从挪威、瑞典、芬兰至俄罗斯西伯利亚东部均有分布。我国仅黑龙江北部和新疆北部有分布。

生活习性

雪兔主要栖息在森林边缘、草原及丛林地区，也栖息于湖泊及河流的沿岸，是亚寒带针叶林的代表性动物，多在夜间活动。它们的主要天敌有猞猁、黄鼬、貂熊等。

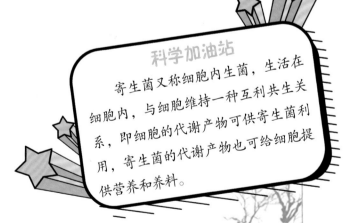

食性

雪兔属于草食性动物，主要以多汁的草本植物及树木的嫩枝、嫩叶为食，冬季还啃食树皮。

繁殖方式

雪兔每年繁殖一次，性成熟期为9~11个月龄，每年的2—4月份发情交配，孕期约为50天，每胎可产3~5仔。初生幼仔身体有密毛，20天后开始独立生活，寿命为10~13年。

常感染的病原体 —— 土拉热弗朗西丝菌

雪兔常感染的病原体为土拉热弗朗西丝菌。该细菌属于盐杆菌科、弗朗西丝菌属。它是一种寄生菌，大小为0.2微米×（0.2~0.7微米），多呈豆形、球形、杆状和丝状等形态。

该病原体引发的疾病 —— 兔热病

兔热病是由土拉热弗朗西丝菌引起的一种类似鼠疫的人兽共患病。发病无季节性，多种哺乳动物、鸟类、两栖动物等都可以感染。感染的雪兔是主要的传染源，主要通过昆虫或蜱等节肢动物传播。

人接触发病动物后也易感染，起病比较急促，有高热、寒战、疲乏无力、全身疼痛等症状。

科学加油站

寄生菌又称细胞内生菌，生活在细胞内，与细胞维持一种互利共生关系，即细胞的代谢产物可供寄生菌利用，寄生菌的代谢产物也可给细胞提供营养和养料。

11. 猕猴

猕猴是自然界中最常见的一种猴，常被用作实验动物，主要栖息于石山峭壁、溪旁沟谷和江河岸边的密林中或疏林岩石上。猕猴为国家二级保护动物。

分类

纲：哺乳纲	目：灵长目	科：猕猴科

形态特征

猕猴体长47～64厘米，尾长19～30厘米。毛色为灰褐色，腰部以下为橙黄色，胸腹部和腿部为深灰色。颜面和耳裸露在外，幼时多为白色，长大后变为肉色或红色。臀部有明显的红色臀疣。两颊有颊囊，用来贮藏食物。

分布范围

猕猴在我国的广西、广东、云南、贵州、四川、青海、陕西等地多有分布。

生活习性

猕猴喜欢集群生活，往往数十只或上百只为一群，由猴王带领，群居于森林中，爱攀藤上树，喜欢峭壁岩洞，活动范围很大。

食性

猕猴以树叶、嫩枝、野菜等为食，也吃小鸟、鸟蛋、各种昆虫以及蚯蚓等。

繁殖方式

猕猴一般于11—12月发情，次年3—6月产仔，或3年生2胎，每胎产1仔。孕期为5个月左右，哺乳期约4个月。雌猴2.5～3岁性成熟，雄猴4～5岁性成熟，但最早于6～7岁参与交配。猕猴在饲养条件下寿命长达25～30年。

常感染的病原体 —— 猴疱疹病毒

猕猴常感染的病原体为猴疱疹病毒。该病毒属于疱疹病毒科、疱疹病毒属。外形为典型的疱疹病毒结构，即二十面体对称的衣壳包裹的病毒，病毒粒子直径为160～180纳米。

该病原体引发的疾病 —— 猴疱疹病毒感染

猴疱疹病毒以猕猴为自然宿主，发病和带病毒的猕猴是主要传染源，可以引起猴疱疹病毒感染。

该病毒对人的致病作用更为严重，1934年曾报道过有人感染猴疱疹病毒的事件。人感染后潜伏期为几天到1周不等，全身症状较多，如发热、流感样症状、头痛、肌痛等。

科学加油站

颊囊是指仓鼠等啮齿动物和猿猴的口腔内两侧的囊状构造，用来暂时贮存食物。

12. 刺猬

刺猬别名刺团、猬鼠，是猬形目哺乳动物的统称，是一种比较原始的哺乳动物。

分类

纲：哺乳纲	目：猬形目	科：猬科

形态特征

刺猬的体形中等，体长一般为22~32厘米，体重450~700克。刺猬身体的背部及两侧披满硬棘，遇到天敌时能将身体蜷缩成球，使天敌无从下口，从而达到保护自己的目的。刺猬嘴巴尖尖，眼睛小，耳朵短，尾巴也很短；四肢细小，前后肢各有五趾，趾端生有利爪，适于掘土；有非常长的鼻子，触觉和嗅觉都很发达。

分布范围

我国分布的多为普通刺猬，在东北、华北、华东各地多见。

生活习性

刺猬是一种性格非常孤僻的动物，一般住在灌木丛内，会游泳，胆小，易受到惊吓，喜欢安静，喜暗怕光，怕热怕凉，冬季时会有冬眠现象。它们行动很迟缓，一般昼伏夜出。

食性

刺猬是杂食动物，食谱非常广泛，它们既吃水果等植物性食物和真菌，也吃昆虫，还会吃青蛙、蜥蜴等小型脊椎动物。

繁殖方式

刺猬的繁殖期在4月份，每年产仔1~2胎，每胎3~6仔。初生幼仔前2周内没有视力，背上的毛稀疏柔软，但几天后就能逐渐硬化变为棘刺。出生2个月后，幼刺猬能独自生活。大约90%的小刺猬寿命不到1年。

常感染的病原体 —— 硬蜱

刺猬常感染的病原体为硬蜱。该寄生虫属于蛛形纲、蜱螨目、蜱科。硬蜱多呈红色或红褐色，饥饿时呈前窄后宽、背腹扁平的长卵圆形，直径为2~13毫米；喝血饱腹后呈椭圆形或圆形。

该病原体引发的疾病 —— 蜱咬病

蜱咬病一般在炎热的季节较为流行。动物或人被硬蜱叮咬后，可能会感染一些疾病，这些疾病统称为蜱咬病，包括森林脑炎、出血热等。硬蜱喜欢吸食血，被叮咬部位会有瘙痒或疼痛的感觉，有些人会出现发热、红斑等症状。

科学加油站

蜱是许多种脊椎动物体表的暂时性寄生虫，是一些人兽共患传染病的传播媒介和贮存宿主。

13. 小·熊猫

小熊猫是一种濒危的食肉目动物，目前全球野生种群有1.45万~1.5万只，我国的种群数量约有7000多只。小熊猫为国家二级保护动物。

分类

纲：哺乳纲	目：食肉目	科：小熊猫科

形态特征

小熊猫体长40~60厘米，体重6千克，体形肥胖，全身呈红褐色，四肢呈棕黑色，圆脸，尾巴又长又粗，有9个棕黑与棕黄相间的环纹，十分惹人喜爱，有"九节狼"之称。

分布范围

野生的小熊猫目前仅存于喜马拉雅山东部和中国西南部，主要栖息在海拔2000～3000米的高山丛林中。

生活习性

除繁殖季节外，小熊猫常独居生活，黎明和黄昏外出觅食。它们性格机警，但很温顺，身体灵活，擅长攀爬。

食性

小熊猫为杂食动物，主要以竹子为食，也吃野果、鸟蛋、小型鸟类和昆虫。

繁殖方式

小熊猫在1—3月发情交配，孕期为4～5个月，繁殖期常散发出较强的气味，在夏季产仔，每胎产1～2仔。小熊猫2～3岁即可性成熟，寿命为10余年。

常感染的病原体 —— 犬恶丝虫

小熊猫常感染的病原体为犬恶丝虫。该寄生虫属于蟠尾科、恶丝虫属。成虫呈微白色，雄虫体长12～16厘米，后端旋曲；雌虫体长25～30厘米，尾巴钝圆。

该病原体引发的疾病 —— 犬恶丝虫病

犬恶丝虫病是由犬恶丝虫寄生于动物心脏的右心室及肺动脉引起的一种丝虫病，主要有循环障碍、呼吸困难及贫血等症状。感染的小熊猫是主要的传染源，人偶尔也可以感染。除犬科动物外，猫和其他野生肉食动物均可以作为终末宿主。中间宿主是吸血的昆虫，如蚊子等。感染发病后主要引起动物的呼吸困难、腹腔积水及贫血等症状。

科学加油站

宿主也称为寄主，是指为寄生生物包括寄生虫、病毒等提供生存环境的生物。

终末宿主是指寄生虫的成虫或有性生殖阶段所寄生的宿主。

中间宿主是指寄生虫的幼虫或无性生殖阶段所寄生的宿主。

14. 河马

河马是河马属中现存的唯一物种，是一种大型杂食、半水生哺乳动物，目前面临的主要威胁是栖息地的丧失和人类的偷猎行为。

分类

纲：哺乳纲	目：偶蹄目	科：河马科

形态特征

河马躯干呈桶状，外形似猪，除吻部、尾部、耳朵有稀疏的毛外，全身皮肤呈现裸露状态。成年雄性体重平均约1.5吨，成年雌性体重平均约1.3吨。

分布范围

野生河马主要分布于非洲热带的河流，栖息在河流附近的沼泽地及芦苇丛中。我们平常可以在全国各地的野生动物园中看到河马巨大的身影。

生活习性

河马常成群生活，多在夜间行动，大部分时间都泡在水里，性情温和。

 食性

　　河马食量极大，主要以芦苇等水生植物为食，有时也吃陆地作物，如岸边的青草等。

繁殖方式

　　河马的繁殖期一般不固定，孕期为8个月，每胎产1仔。河马3～5岁时性成熟，寿命为40～50年。

常感染的病原体 —— 多杀巴斯德菌

　　河马常感染的病原体为多杀巴斯德菌。该细菌属于巴斯德菌科、巴斯德菌属。菌体为细小的短杆状，两端钝圆，中央凸起，近似椭圆形，不形成芽孢。它的抵抗力不强，易被普通的消毒剂、阳光和热杀死。

该病原体引发的疾病 —— 巴斯德菌病

　　巴斯德菌病主要是由多杀巴斯德菌引起的一种家畜、野生动物和人的传染病的总称，又称为出血性败血症。

　　该病分布于世界各地，主要传染源是患病或带菌的动物，包括健康带菌动物和病愈后带菌动物。该病可通过直接接触和间接接触传播，外源性传染多经过消化道、呼吸道，偶尔经过皮肤、黏膜的损伤部位或吸血昆虫的叮咬而传播。

　　该病感染的主要途径为动物与动物、动物与人之间咬伤或抓伤。人感染的病例较为罕见，且多表现为伤口感染。

科学加油站

　　败血症是指各种致病菌侵入血液，并在血液中生长繁殖，产生毒素而引发的急性全身性感染。

15. 野骆驼

野骆驼是世界上唯一存在的真驼属野生物种，为国家一级保护动物。

分类

纲：哺乳纲	目：偶蹄目	科：骆驼科

形态特征

野骆驼体形高大，体长320～350厘米，体重450～690千克，属于大型偶蹄类动物；胸部较宽，背部有双驼峰，驼峰下圆上尖，呈锥形直立；鼻孔内有瓣膜，可以防风沙，在遇到沙尘暴之前，瓣膜可以随时关闭而不影响呼吸；毛色多为淡棕黄色。

分布范围

野骆驼仅分布于中国西北部和蒙古国，我国的内蒙古、甘肃、青海和新疆等地区最为多见。罗布泊野骆驼国家级自然保护区是珍稀濒危物种野骆驼的基因库，在自然环境保护、生物多样性保护、科学研究等方面具有不可替代的生态和科研价值。

生活习性

野骆驼机警而胆怯，其视觉、听觉、嗅觉相当灵敏，有惊人的耐力。它们一般以十几头大小的集群生活在戈壁荒漠地带，对极端干旱环境的适应性较强。

食性

野骆驼主要以红柳、骆驼刺、芨芨草、白刺等野草和灌木枝叶为食。

繁殖方式

野骆驼在每年1—3月发情，每2年繁殖一次，孕期为12~14个月，翌年3—4月生产，每胎产1仔，偶尔为2仔。幼仔平均出生体重为36千克，3~5岁性成熟。公幼驼一旦到了2岁左右，就会被逐出种群。野骆驼的寿命一般为30年左右。

常感染的病原体 —— 骆驼痘病毒

野骆驼常感染的病原体为骆驼痘病毒。该病毒属于病毒科、正痘病毒属。病毒外形为大型、砖形结构的病毒粒子。病毒基因组为双链DNA（脱氧核糖核酸），对干燥有较强抵抗力，但可被氯仿、甲醇和福尔马林灭活，58摄氏度加热30分钟也易使其灭活。

该病原体引发的疾病 —— 骆驼痘

骆驼痘是由骆驼痘病毒引起的一种传播广泛的病毒性疾病，最早于1909年发现于印度，目前主要存在于欧、亚、非三洲的骆驼密集饲养区。感染的骆驼是该病的主要传染源。可通过被感染动物咬伤或直接接触有病动物的损伤皮肤或体液传染给其他动物，很少感染人。该病传播甚广，在饲养骆驼的地区几乎都有骆驼痘的存在，特别是在中东以及北非和东非，常在夏秋季节暴发。

科学加油站

DNA（脱氧核糖核酸）是指分子结构复杂的有机化合物。它作为染色体的一个成分存在于细胞核内，功能为储存遗传信息。

16. 果子狸

果子狸的学名为花面狸，又称牛尾狸、青猺、白额灵猫，是一种比较常见的野生动物。

分类

| 纲：哺乳纲 | 目：食肉目 | 科：灵猫科 |

形态特征

果子狸大小似家猫，但较瘦长，体长50～60厘米，体重3～7千克，四肢短，尾巴长。体背为暗棕黄色，体躯无斑纹。鼻端向后至前背有一条白纹，眼后、眼下各具一片小白斑，耳基至颈侧也有一条白纹。腹毛灰色或淡黄色。

分布范围

果子狸是一种比较常见的兽类，广泛分布于东南亚。在我国主要分布于长江流域和长江以南的江西、湖南、浙江、安徽等地区。

生活习性

　　果子狸擅长攀缘，主要栖居于稀树灌木丛，多利用山岗的岩洞、土穴、树洞或浓密灌木丛作为隐居场所。冬春季节时，它们多在洞穴中休息；夏季炎热时，常隐于浓密灌木丛中。果子狸一般以家族生活，常雌雄、老幼同栖一个洞穴，昼伏夜出。

食性

　　果子狸为杂食动物，食物包括野果、野菜、树叶、小鸟、啮齿类动物和各种昆虫。

繁殖方式

　　果子狸的发情交配期多在每年的3—4月，产仔期为5—6月。果子狸在发情期间食欲减退。雌兽发情期可延续3~5天，可多次交配，孕期约为2个月。雌兽产仔多在夜间进行，每胎2~4仔。

🦠 常感染的病原体 —— 斯氏狸殖吸虫

　　果子狸常感染的病原体为斯氏狸殖吸虫。该寄生虫属于复殖目、并殖科。成虫虫体较长，前宽后窄，两端较尖，最宽处在腹吸盘稍下水平。虫卵为椭圆形，大多数形状不对称，壳厚薄不均匀。

🦠 该病原体引发的疾病 —— 斯氏狸殖吸虫病

　　斯氏狸殖吸虫病由我国陈心陶教授于1959年首次发现并报道，是我国独有的一种人兽共患寄生虫病。虫体主要寄生于狸、狗、猫、鼠等动物体内，虫卵随粪便或痰液排出体外，通常以某些淡水螺为第一中间宿主，蟹为第二中间宿主。人主要是因为生食或半生食感染斯氏狸殖吸虫囊蚴的溪蟹等引发感染。

科学加油站

　　吸盘是指动物的吸附器官，一般呈圆形、中间凹陷的盘状。吸盘有吸附、摄食和运动等功能。

　　囊蚴是指扁形动物门、吸虫纲幼虫发育中的一个阶段。

17. 斑海豹

斑海豹是在温带、寒温带的沿海和海岸生活的一种海洋哺乳类动物。斑海豹为国家二级保护动物。

分类

| 纲：哺乳纲 | 目：食肉目 | 亚目：鳍足亚目 | 科：海豹科 |

形态特征

斑海豹的身体呈纺锤形，嘴边生有触须，没有外耳郭，四肢进化形成鳍脚。雌性斑海豹体形大于雄性。初生的小海豹全身有白色的胎毛。

分布范围

斑海豹主要分布于西北太平洋的高纬度寒冷水域，在我国主要分布在渤海、黄海北部。

生活习性

斑海豹有洄游的习惯，每年都会换毛。

食性

斑海豹的食性取决于季节、海域及所栖息的环境，主要以鱼类和头足类，如鱿鱼、章鱼等为食物。

繁殖方式

斑海豹属于一雄多雌生殖型动物，在每年的1—3月份繁殖，孕期为10个月，分娩时会到浮冰上，每胎产1仔。幼仔3年以后达到性成熟。

常感染的病原体 —— 创伤弧菌

斑海豹常感染的病原体为创伤弧菌。该细菌属于弧菌科、弧菌属。菌体长1.4～2.6微米，宽0.5～0.8微米，呈多样性。温度、盐度、pH值等环境因素都会影响创伤弧菌的生长，最适温度为25～35摄氏度。

该病原体引发的疾病 —— 创伤弧菌感染

创伤弧菌是目前在全球范围内受到广泛关注的海洋致病菌之一，普遍分布于河口、海岸等河流交汇处的海水、海水沉积物中，威胁着人和动物的生命。创伤弧菌为嗜温性海洋弧菌，感染创伤弧菌的季节一般为夏季和秋季。通过伤口传染是最主要的传播途径。

创伤弧菌感染后会发生发热、呕吐、腹泻、肿胀和疼痛等症状。创伤弧菌一般会在伤口上繁殖，可能引发溃烂，甚至导致组织坏死。

科学加油站

pH值是指体现某溶液或物质酸碱度的表示方法。pH值的范围是0～14，一般0～7属酸性，7～14属碱性，7为中性。

18. 红袋鼠

红袋鼠又名红大袋鼠或大赤袋鼠，是体形最大的袋鼠，也是澳大利亚现存最大的哺乳动物。

分类

| 纲：哺乳纲 | 目：双门齿目 | 科：袋鼠科 |

形态特征

雄性红袋鼠有红褐色的短毛，下身及四肢的毛色呈黄褐色，耳朵尖长，嘴巴呈方形，身长1.4米，体重85千克。雌性红袋鼠较雄性细小，呈蓝灰色，下身呈淡灰色，身长1米。红袋鼠前肢有细小的爪，后肢粗壮，适合跳跃，尾巴强壮，可以帮其站立；擅长跳跃，能跳3米高、9米远；奔跳时时速能达到60千米以上。

分布范围

红袋鼠广泛分布在澳大利亚大陆，较少于澳大利亚南部、东岸及北部的雨林中出现。

生活习性

　　红袋鼠多在夜间活动，也有些在清晨或傍晚活动，单独或以小群生活。它们不会行走，只会跳跃，或者在前脚和后腿的帮助下奔跳前行。

食性

　　红袋鼠是食草动物，喜欢吃多种植物，有的还吃真菌类。

繁殖方式

　　红袋鼠每年繁殖1~2次。小袋鼠在受精30~40天后出生，刚出生时很小，无视力，少毛，生下后立即被存放在母袋鼠的保育袋内，直到6~7个月才开始短时间地离开保育袋学习生活；1年后正式断奶，离开保育袋；经过三四年，袋鼠才能发育成熟。

常感染的病原体 —— 坏死梭杆菌

　　红袋鼠常感染的病原体为坏死梭杆菌。该细菌属于拟杆菌科、梭杆菌属。小的菌体呈球杆状或短杆状，在病变组织或培养物中呈长丝状。坏死梭杆菌对外界环境的抵抗力不强，若空气干燥经72小时可死亡，日光直射8~10小时可被杀死。

该病原体引发的疾病 —— 坏死杆菌病

　　坏死杆菌病是由坏死梭杆菌引起的一种畜禽共患慢性传染病，世界各地都有发生，细菌常见于人和动物的天然腔道及坏死性病变中。传染源主要为患病和带菌的动物，病菌随分泌物或坏死的组织污染周围的环境，多数经过损伤的皮肤和黏膜（口腔）而感染。该病多在雨季和低洼潮湿的地区流行。

科学加油站

　　真菌是指无叶绿素、有细胞壁的异养真核生物，以产生大量孢子进行繁殖。

19. 川金丝猴

川金丝猴为中国特有的珍贵动物，是国家一级保护动物。

分类

纲：哺乳纲	目：灵长目	科：猴科

形态特征

金丝猴的共同特征为鼻孔大且向上翘，嘴唇很厚，无颊囊，毛色金黄，肩背有长毛，身长57～76厘米，尾长51～72厘米，雄性体重15～39千克，雌性体重6.5～10千克。

分布范围

川金丝猴分布于我国四川、陕西、湖北及甘肃，深居山林，结群生活。

生活习性

　　川金丝猴与人类相似，有着典型的家庭生活方式，成员之间相互关照，一起觅食，一起玩耍、休息。在川金丝猴的家中，未成年的小金丝猴有着强烈的好奇心，非常调皮，也备受父母宠爱。但是小公猴成年后就会被爸爸赶出家门，需要自己到野外开始独立的生活。

食性

　　川金丝猴食性很杂，但以植物性食物为主，所食的主要植物达118种，以野果、嫩芽、竹笋、苔藓为主，也吃树皮和树根，有些还爱吃昆虫、鸟和鸟蛋。

繁殖方式

　　雌猴4～5岁性成熟，雄猴则在7岁左右。秋季是川金丝猴的发情期，全年均有交配，但8—10月为交配盛期。雌猴孕期为6个月左右，多于3—4月产仔，通常1胎1仔，偶尔产2仔。刚生下的幼仔脸呈暗蓝色，毛色为棕褐色，叫声如婴儿哭泣，1个月后体重就达1千克多。成年猴群中，雄雌性比例约为1∶2。

常感染的病原体 —— 溶组织内阿米巴

　　川金丝猴常感染的病原体为溶组织内阿米巴。该病原体属于内阿米巴科、内阿米巴属。溶组织内阿米巴有滋养体和包囊两种存在形式。滋养体有大小两种，大滋养体为致病型，小滋养体为无害寄生型。包囊多呈球形，直径为10～16微米。

该病原体引发的疾病 —— 阿米巴病

　　阿米巴病是一种人兽共患的肠道寄生虫病，最早于1875年在人体内被发现。该寄生虫感染率较高，且致死率在原虫类寄生虫疾病中仅次于疟疾。该寄生虫侵袭性较强，可在人和动物间自然传播，凡是从粪便中排出阿米巴包囊的人和动物，都可成为传染源，主要经粪-口传播。一旦被感染，寄生虫就会迅速增殖。人感染发病后主要出现发热、腹痛、呕吐、脱水、便血等症状。

科学加油站

　　滋养体一般指原生动物摄取营养阶段，能活动、摄取养料、生长和繁殖，是寄生虫的寄生阶段。
　　包囊是指肠腔内的滋养体随着宿主肠内容物下移过程中，虫体会分泌囊壁形成包囊。包囊也是某些原虫的感染阶段。

20. 赤狐

　　赤狐是体形最大、最常见的狐狸，曾经广泛分布在我国，因非法猎捕等原因，近年来数量有所减少。

分类

| 纲：哺乳纲 | 目：食肉目 | 亚目：裂脚亚目 | 科：犬科 |

形态特征

　　赤狐又称红狐，体长70厘米，体重4.2~7千克，尾长20~40厘米，腹部为白色，腿和耳尖是黑色的，其他部位都呈红色。最常见的特征是下巴和腹部及尾尖为白色，眼睛为琥珀色。雄性个体平均比雌性大，随着年龄的增长，雄性头部比雌性大，鼻子长而窄。

分布范围

　　赤狐分布于我国的东北、西北、华北等地。

生活习性

赤狐的栖息地较多，如森林、草原、丘陵、半荒漠等，多为穴居、独栖或成对生活。它们属于夜行性动物，感官灵敏，性格机警狡猾，擅于奔跑、跳跃，会游泳。

食性

赤狐为杂食动物，食用啮齿类哺乳动物、鸟类等，也可以食用水果、蔬菜。

繁殖方式

赤狐的繁殖季节为12月下旬至2月，孕期为49～56天，每胎产4～10仔，寿命约为12年。

常感染的病原体 —— 犬腺病毒 I 型

赤狐常感染的病原体为犬腺病毒 I 型。该病毒属于腺病毒科、哺乳动物腺病毒属。该病毒具有腺病毒典型的形态结构特征，无包膜，呈二十面体立体对称，对热、酸抵抗力强。污染物上的病毒可存活15天，室温下可存活70～91天。

该病原体引发的疾病 —— 狐狸脑炎

狐狸脑炎是由犬腺病毒 I 型感染引发的一种急性传染病。该病毒除了能感染狐狸和犬外，还可以感染狼、黑熊、臭鼬等野生动物。发病和带毒动物是主要的传染源，自然发病的动物多通过消化道感染。目前很少有人感染的报道。

科学加油站

啮齿目是哺乳动物中的一目，其特征为上颌和下颌各有两颗会持续生长的门牙。啮齿目动物必须通过啃咬来不断磨短这两对门牙。一般常见的啮齿目动物有老鼠、松鼠、花栗鼠等。

21. 大熊猫

大熊猫是我国特有的濒危野生动物，有"国宝"之称，在国家的外交活动中经常可以看到它们的身影。根据全国第四次大熊猫普查，我国大熊猫野外数量达到1864只；截至2019年底，人工繁育大熊猫数量达到540多只。为了更好地保护我们的"国宝"，我国于2018年成立了大熊猫国家公园。大熊猫为国家一级保护动物。

分类

纲：哺乳纲	目：食肉目	科：熊科

形态特征

大熊猫体色黑白，体形肥硕似熊，头部和躯干长1.2～1.8米，尾长10～12厘米，体重80～120千克，最重可达180千克，一般雄性个体稍大于雌性。大熊猫的耳朵为圆形，一双黑溜溜的眼睛周围长着"黑眼圈"，就像戴着一副墨镜一样，非常惹人喜爱。

分布范围

野生大熊猫主要分布在我国的四川、甘肃、陕西省交界的崇山峻岭地区，这些地区海拔在2000～3000米，多雨潮湿，竹林茂密，为大熊猫的生存和繁殖提供了丰富的食物。

生活习性

　　大熊猫性情孤僻，除发情期外，常过着独居生活，没有固定的居住地点，常常随季节的变化而搬家。它们春天一般待在海拔3000米以上的高山竹林里；夏天迁到竹枝鲜嫩的阴坡处；秋天搬到2500米左右的温暖的向阳山坡上，准备度过漫长的冬天。

食性

　　在几百万年以前，大熊猫属于肉食动物，但是现在却是素食主义者，喜食60余种竹子，最喜鲜竹，偶尔也会开开荤。

繁殖方式

　　每年的4、5月份是大熊猫的繁殖季节，雄、雌大熊猫难得居住在一起，但5月一过，它们便又各奔东西。大熊猫孕期较长，每胎只能产1~2仔，刚生下的幼仔重量只有150克左右。

常感染的病原体 —— 犬瘟热病毒

　　大熊猫常感染的病原体为犬瘟热病毒。该病毒属于副黏病毒科、麻疹病毒属。病毒呈多形性，多数为球形，直径150~330纳米，对热、干燥、紫外线敏感，日光、酒精、甲醛等可以使其丧失致病能力。50~60摄氏度条件下1小时即可使病毒丧失活性。

科学加油站
　　大熊猫国家公园是由国家批准设立并主导管理，边界清晰，以保护大熊猫为主要目的，实现自然资源科学保护和合理利用的特定陆地区域。

该病原体引发的疾病 —— 犬瘟热

　　犬瘟热是由犬瘟热病毒引起的一种急性、可发于多种动物的高度接触性传染病，其传染性强，发病率高，多在冬春季节流行。传染源为已发病的动物和携带病毒的动物，可通过眼泪、鼻涕、唾液、尿液等向环境中排出病毒，多种动物均可感染。目前未发现可传染给人。

22. 水貂

水貂包括欧洲水貂和美洲水貂，属于小型夜行性动物，常在水边生活。水貂目前在我国已被大量饲养。

分类

纲：哺乳纲	目：食肉目	科：鼬科

形态特征

水貂体长30～50厘米，尾长13～23厘米，体重通常在2千克以下，雌性体形一般小于雄性；四肢短，颈长且粗，头短而宽，耳朵圆；被毛颜色深，为红褐色，有时嘴、胸或下腹部有白色被毛。

分布范围

1个世纪前，在整个欧洲大陆都能发现欧洲水貂栖息的踪迹，但现在它们的数量已经急剧下降，活动范围也大大缩减。今天，欧洲水貂大部分栖息在东欧地区，同时在法国西部和西班牙北部也有一些分散的分布。

生活习性

　　野生水貂主要栖息在河旁、湖泊和溪边，利用天然洞穴营巢。水貂听觉、嗅觉敏锐，活动敏捷，擅于游泳和潜水，性情凶残孤僻，除了交尾和哺育幼仔外，均单独散居。

食性

　　水貂主要捕捉小型啮齿类、鸟类、爬行类、鱼类等的某些动物为食，如野兔、野鼠、蝼蛄、小鸟、蛇、蛙、鱼及鸟蛋和各种昆虫等。

繁殖方式

　　水貂每年只繁殖1次，2—3月交配，4—5月产仔，一般每胎产仔5～6只。水貂出生后9～10个月龄成熟，2～10年内有生殖能力，寿命为12～15年，每年春秋两季各换毛一次。

常感染的病原体 —— 水貂阿留申病病毒

　　水貂常感染的病原体为水貂阿留申病病毒。该病毒属于细小病毒科、阿留申病毒属。病毒为单股DNA病毒，对外界的抵抗力非常强，在0.3%甲醛溶液中4周才被灭活，在pH值为2.8～10的环境中均能保持活力，在80摄氏度的情况下可以存活1个小时。

该病原体引发的疾病 —— 水貂阿留申病

　　水貂阿留申病是由水貂阿留申病病毒感染水貂引发的一种病程缓慢的疾病。该病可以使水貂的繁殖力和毛皮质量下降，是水貂常见的三大疫病之一。该病有明显的季节性，多发生于秋冬季节，冬季的发病率和死亡率较高。病貂和带病毒貂是主要的传染源，可以通过分泌物和排泄物排出病毒，同种动物之间多经消化道和呼吸道、撕咬及交配传播；各种品种、年龄和性别的水貂都易感染，但成年貂的感染率高于幼貂，雄貂高于雌貂。

科学加油站

　　水貂的三大疫病是指犬瘟热、病毒性肠炎和水貂阿留申病。

23. 亚洲黑熊

亚洲黑熊是对分布在亚洲的野生黑熊的统称，为国家二级保护动物。

分类

纲：哺乳纲　　　　　　目：食肉目　　　　　　科：熊科

形态特征

亚洲黑熊的体形要比棕熊稍小，四肢粗健，肩部较平坦，头部宽圆，嘴巴较短，身上有长毛。其体长可到1.2～1.9米，成年雄性的体重为60～200千克，雌性的体重为40～120千克。

分布范围

亚洲黑熊在东亚、东南亚、南亚和中亚部门地区均有分布。在我国，亚洲黑熊主要分布在东北、华中与西南地区。

生活习性

亚洲黑熊的嗅觉和听觉很灵敏，可以像人类一样直立行走，一般在夜晚活动，白天则在树洞或岩洞中睡觉，属于典型的林栖动物。北方的黑熊有冬眠习性，直至翌年3、4月份出洞。

食性

亚洲黑熊是标准的杂食动物，以植物性食物为主，包括各种植物的芽、叶、茎、根和果实等，也食蜂巢。

繁殖方式

亚洲黑熊基本为独居动物，只有在繁殖季节雌雄才会生活在一起。不同地区的亚洲黑熊交配季节也有所不同，一般在6—8月进行交配，冬眠期间产仔，一胎产1～2头幼仔。新生熊仔很小，体重约500克。

常感染的病原体 —— 犬细小病毒

亚洲黑熊常感染的病原体为犬细小病毒。该病毒属于细小病毒科、细小病毒属。病毒粒子呈圆形或六边形，直径为21～24纳米，二十面体对称。犬细小病毒对外界有较强的抵抗力，65摄氏度加热30分钟仍然有感染能力，在粪便中可存活数月乃至数年。

该病原体引发的疾病 —— 犬细小病毒病

犬细小病毒病是由犬细小病毒引起的一种犬的高度接触性传染病，对幼犬危害极大，发病率和死亡率较高。黑熊等多种动物也易感染，患病动物是主要的传染源。康复动物的粪便可以长期带病毒。该病主要通过消化道感染，也可能经胎盘传播，冬春季节发病较多。目前未发现可以传染给人。

科学加油站

杂食动物是指在哺乳动物中有很多类别的动物，它们和人一样既吃植物性食物也吃动物性食物。

24. 猎豹

猎豹是陆地上奔跑最快的动物。20世纪以前曾广泛分布于亚非地区，现在亚洲的猎豹已濒临灭绝，仅伊朗有少量分布，绝大多数猎豹分布在非洲草原上。

分类

纲：哺乳纲	目：食肉目	科：猫科

形态特征

猎豹是"大猫"中体形偏小的一种，拥有较小的脑袋，超大号的鼻孔和高度发达的视觉，体长112~135厘米，尾巴可长至84厘米。猎豹的黄色毛皮上的黑色斑点是实心圆。野生成年雄性猎豹的体重为29~65千克，雌性猎豹为21~63千克。野生猎豹的平均寿命为8~10年，超过12年的极为罕见。

分布范围

猎豹主要分布在非洲南部、东部、北部以及伊朗的部分地区。

生活习性

　　猎豹栖息于温带、热带的草原、沙漠和稀树草原，平时喜欢独居，仅在交配季节成对出现，大部分在白天活动，尤其是早晨和傍晚。

食性

　　猎豹主要以中小型有蹄类以及大型有蹄类动物的幼仔为食，追捕猎物时的最高速度可达120千米/小时。

繁殖方式

　　猎豹的孕期为91～95天，每胎产2～5仔。幼仔6个月时就长到成年体形的一半。雌猎豹在20～24个月时性成熟，雄猎豹在2～3岁性成熟。

常感染的病原体 —— 猫冠状病毒

　　猎豹常感染的病原体为猫冠状病毒。该病毒属于冠状病毒科、冠状病毒属。病毒粒子形态多样，多呈圆形，直径80～200纳米。该病毒对外界环境的抵抗力较弱，但在外环境物体表面可保持感染性达7周以上。

该病原体引发的疾病 —— 猫传染性腹膜炎

　　猫传染性腹膜炎是由猫冠状病毒引起的一种猫科动物的致死性传染病，最早发现于20世纪60年代，但有关该病的预防、控制和治疗目前仍未解决。该病一年四季均可发生。病猫和健康带病毒猫是主要的传染源，可通过接触病猫传播。带病毒猫主要通过粪便、尿液、口腔分泌物等传播病毒。所有年龄的猫均易感染。虎、狮子、豹等大型猫科动物也易感染。目前未发现可以传染给人。

科学加油站

　　大型猫科动物一般指老虎、狮子、美洲豹、花豹、雪豹、美洲狮、猎豹这7种猫科动物。它们也常被人们亲切地统称为"大猫"。

26. 蒙古野驴

野驴是大型有蹄类动物，分为亚洲野驴和非洲野驴两种。非洲野驴是家驴的祖先，体形比亚洲野驴小，耳朵比亚洲野驴大。我国的野驴属于亚洲野驴，又细分为蒙古野驴和西藏野驴。蒙古野驴为国家一级保护动物。

分类

纲：哺乳纲	目：奇蹄目	科：马科

形态特征

蒙古野驴外形似骡子，体长可达2.6米，体重约250千克。嘴巴细长；耳朵长而尖；尾巴尖，尖端毛较长，呈棕黄色。颈部和背部有短的鬃毛，背中央有一条棕褐色的背线延伸到尾的基部。蹄子比马蹄小，但略大于家驴的蹄子。

分布范围

蒙古野驴主要分布于中国、印度、伊朗、蒙古等国家。在我国新疆主要分布于北疆的准噶尔盆地。卡拉麦里自然保护区是新疆有蹄类野生动物的主要活动区域。

生活习性

蒙古野驴属于典型的荒漠动物，有随季节进行短距离迁徙的习性，多栖息于海拔3000～5000米的高原亚寒带地区。它们夏季在海拔5000多米的高山上生活，冬季则到海拔较低的地方。他们具有极强的耐力，耐冷耐热、耐饥耐渴，并且具有敏锐的视觉、听觉和嗅觉。

食性

蒙古野驴以禾本科、莎草科和百合科草类为食，喜欢吃茅草、苔草和蒿类等。

繁殖方式

蒙古野驴在8—9月份发情交配，孕期约为11个月，每胎产1仔。蒙古野驴进入繁殖交配期时会性情大变，频频嘶叫。它们为了争夺交配权时常发生激烈的咬斗，取得胜利的雄性野驴会控制整个驴群的活动。

常感染的病原体 —— 马胃蝇

蒙古野驴常感染的病原体为马胃蝇。该病原体属于胃蝇科、胃蝇属。成虫全身密布绒毛，形似蜜蜂，俗称蛰驴蜂。马胃蝇翅膀透明或有褐色斑纹。雄蝇尾端钝圆，雌蝇尾端有较长的产卵管。虫卵呈浅黄色或黑色，成熟幼虫呈红色或黄色。

该病原体引发的疾病 —— 马胃蝇蛆病

马胃蝇起源于古北界和非洲热带地区，其发育类型属于完全变态发育。虫卵在马的背、胸、腹上发育为幼虫，进入黏膜下层，二期幼虫可以进入马的胃内发育为成熟幼虫。马胃蝇幼虫常出现于6月上旬至10月上旬，以7—8月最盛。干旱、炎热、马匹瘦弱等因素均有利于该病的流行，除马之外蒙古野驴也易感染。发病动物表现为咀嚼和吞咽困难、咳嗽、消瘦、腹痛等症状，甚至器官逐渐衰竭死亡。

科学加油站

奇蹄目是哺乳动物下的一个目，是特化的的食草动物类群。奇蹄目动物是蹄行性，擅长奔跑。奇蹄目成员的胃较简单，但盲肠大而呈囊状，可协助消化植物纤维。

27. 亚洲象

亚洲象是亚洲大陆最大的陆生哺乳动物，在森林中起着至关重要的作用，由于栖息地受到破坏，种群数量处于下降状态。最新数据显示，我国亚洲象数量目前约290多头。亚洲象为国家一级保护动物。

分类

纲：哺乳纲	目：长鼻目	科：象科

形态特征

亚洲象全身深灰色或棕色，体表几乎无毛。成年雄象肩高2.4～3.1米，体重可达2700～4200千克；雌象体形稍小。雄象长有象牙，雌象象牙较短，一般不能直接观察到。亚洲象耳朵较大，有丰富的血管以便散热。

分布范围

亚洲象主要栖息于亚洲南部热带雨林、季雨林及林间的沟谷、山坡、稀树草原及宽阔地带，常在海拔1000米以下的沟谷、河边、竹林、阔叶混交林中游荡。

生活习性

亚洲象喜欢群居生活，每群数头、数十头不等，无固定住所，活动范围广。亚洲象对破坏其生存环境、伤害其同类及冒犯其尊严的挑衅都有自卫、报复行为。

食性

亚洲象早、晚及夜间外出觅食，主要食物为竹笋、嫩叶、野芭蕉和棕叶芦等。它们平均每天需要吃150千克食物才能生存，一天三分之二以上的时间都在吃东西；一般会长途跋涉去寻找水源。

繁殖方式

在所有哺乳动物中，雌性亚洲象是哺乳动物中孕期最长的，18～22个月才可以产下1头小象。幼象会跟随母象及其象群多年，直至10～15岁时达到性成熟。

常感染的病原体 —— 象疱疹病毒

亚洲象常感染的病原体为象疱疹病毒。该病毒属于疱疹病毒科、乙型疱疹病毒亚科。象疱疹病毒与人疱疹病毒的两个亚型很相似，在低温下可存活数月，在50摄氏度湿热环境下或在90摄氏度干燥环境下30分钟后可被灭活。

该病原体引发的疾病 —— 象疱疹病毒感染

象疱疹病毒可以引起各地的野生大象发生象疱疹病毒感染，主要的传染源是病象，人和大象间不会发生交叉感染。野生大象和动物园饲养的大象是象疱疹病毒的易感宿主。亚洲象群和非洲象群的疱疹病毒分布广泛，若非洲象群的疱疹病毒传入亚洲象群，会导致亚洲象群大量死亡，病死率可达90%。

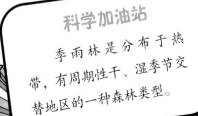

科学加油站

季雨林是分布于热带，有周期性干、湿季节交替地区的一种森林类型。

28. 普氏野马

普氏野马又称野马，是目前地球上唯一存活的野生马。它们有着6000万年的进化史，保留着马的原始基因。普氏野马为国家一级保护动物。

分类

纲：哺乳纲	目：奇蹄目	科：马科

形态特征

野马和家养的马很是相像，但不属于同一物种，其身长2~2.3米，肩高1.3~1.4米，头很大，无额毛，耳朵较短，头和背部是焦茶色，腹部为黄色。

分布范围

野马原分布于我国新疆北部准噶尔盆地及甘肃、内蒙古交界的马鬃山一带，我国最后一次发现野马的踪迹是在1957年。20世纪80年代以来，我国从欧洲引回该物种，在新疆建立了普氏野马繁育中心，为野马重返大自然进行了许多科学实验和研究工作。

生活习性

　　普氏野马喜欢栖居于草原、丘陵、沙漠，一般喜欢集群生活，冬季群大，夏季群小。它们感官敏锐，性格机警、暴躁；白天活动，体壮擅跑，无固定栖息地；耐渴，可以3天才饮水一次。

食性

　　普氏野马主要以野草、苔藓等为食，喜欢食用茇茇草、芦苇，冬天能刨开积雪觅食枯草。

繁殖方式

　　普氏野马一般在6月份发情交配，次年4—5月份产仔，每胎1仔，幼驹出生后几小时就能随群奔跑。野马2岁性成熟，寿命为25～35年。

常感染的病原体 —— 非洲马瘟病毒

　　普氏野马一般常感染的病原体为非洲马瘟病毒。该病毒属于呼肠孤病毒科、环状病毒属。病毒粒子呈环形，直径60～80纳米，对酸敏感，可用2%乙酸或柠檬酸消毒。非洲马瘟病毒在冷冻的肉中、血液或血清中能存活很长时间，60摄氏度15分钟可使其丧失感染力。

该病原体引发的疾病 —— 非洲马瘟

　　非洲马瘟起源于非洲，最早发生于1780年，是由非洲马瘟病毒感染引起的马属动物的一种高度致死性、急性传染病。典型特征为严重的呼吸困难及渐进性呼吸道症状。我国将其列为一类动物疫病。患病和带病毒的野马、野驴等马属动物是非洲马瘟的重要传染源；库蠓是病毒的重要传播媒介；病毒能感染马、骡、驴、斑马、骆驼和犬等多种动物。其中，马最易感，死亡率高达95%；斑马和驴感染后很少表现出症状。非洲马瘟常在夏末、秋季发生，非洲南部的温热季节可反复发生并呈现大流行。

科学加油站

我国的四大盆地指塔里木盆地、准噶尔盆地、柴达木盆地和四川盆地。

29. 欧亚野猪

欧亚野猪是所有陆地哺乳动物中地理分布最广泛的物种之一，自13世纪以来，欧亚野猪的栖息地因人类活动而大量减少。

分类

纲：哺乳纲	目：偶蹄目	科：猪科

形态特征

欧亚野猪体形粗壮，平均体长为1.5~2米，体重90~200千克，头部较大，四肢短粗，毛色呈深褐色或黑色，有黑色条纹，背上有长而硬的鬃毛。幼猪的毛色为浅棕色。雄性有两对不断生长的犬齿，可以用来作为武器或挖掘工具；雌性野猪的犬齿较短，不露出嘴外，但也具有一定的杀伤力。

分布范围

欧亚野猪在除南极洲以外的各大陆均有分布，在我国除青藏高原、内蒙古高原及西北荒漠外均有分布。

生活习性

欧亚野猪是夜行性动物，通常在清晨和傍晚最活跃，嗅觉特别灵敏，性情粗暴，攻击性强。

食性

欧亚野猪是主要以植物为食的杂食动物，它们遇到的食物几乎都能取食，食谱非常广泛。

繁殖方式

欧亚野猪是"一夫多妻"制。雌兽的孕期是4个月，一胎产5～10仔。繁殖旺盛期的雌猪，一年能生2胎，一般4—5月间生一胎，秋季又有另一胎出生。

常感染的病原体 —— 非洲猪瘟病毒

欧亚野猪常感染的病原体为非洲猪瘟病毒。该病毒属于非洲猪瘟病毒科、非洲猪瘟病毒属。它是一种双链DNA虫媒病毒。2%氢氧化钠24小时内可使其灭活，60摄氏度30分钟亦可使其灭活。该病毒在冷冻肉内可以存活数年之久，在未加热的火腿或香肠等加工的肉制品和冷藏肉中保存3～6个月仍具有感染性。

该病原体引发的疾病 —— 非洲猪瘟

非洲猪瘟是由非洲猪瘟病毒感染引起一种猪的高度传染性疾病，1921年在肯尼亚首次被发现，给各国的经济造成了严重的损失，是我国一类动物疫病。发病后常见体温升高、呼吸困难、怀孕母猪流产等。患病或带病毒的家猪和野猪是主要传染源；主要是通过接触或食用被污染的食物而经口传播或通过昆虫吸血传播，短距离内可经空气传播；家猪易感性最高。

科学加油站

虫媒病毒是一类以节肢动物为传播媒介的病毒，目前共有250多种。虫媒病毒通过昆虫（如蚊、苍蝇、跳蚤、虱子）和蜱叮咬而在脊椎动物间传播。

30. 北山羊

北山羊又称红羊、亚洲羚羊，是典型的野山羊。北山羊为国家一级保护动物。

分类

纲：哺乳纲	目：偶蹄目	科：牛科

形态特征

北山羊外形似家山羊但体形较大，头体长1.15～1.70米，肩高约1米，成年雄性体重80～100千克，雌性体重30～56千克。颌下有须，雄性须长，雌性须短。尾巴长10～20厘米，尾巴尖呈棕黑色。四肢稍短，显得比较粗壮，蹄子狭窄。

分布范围

北山羊分布在帕米尔高原至蒙古戈壁，以及周边的喜马拉雅山脉西段、昆仑山、天山等山脉。在我国，北山羊主要分布在内蒙古中部、甘肃西北部及新疆的西部和北部。

生活习性

北山羊主要栖息于海拔3000～6700米之间的草地、草甸、流石滩、裸岩和半荒漠地区，冬季会迁至海拔较低的地区。北山羊非常擅于攀登和跳跃，蹄子极为坚实，有弹性的踵（zhǒng）关节和像钳子一样的脚趾，能够自如地在险峻的乱石之间纵情奔驰。它们喜欢成群活动，一般为4～30只，也有数十只甚至百余只的较大群体，由身强力壮的雄性担任首领。

食性

北山羊觅食力强，属于杂食动物，能食百样草。它们白天多在裸岩上休息，早晨和黄昏才到较低的高山草甸处去觅食和饮水。

繁殖方式

北山羊通常于11—12月发情。雌性的孕期为170～180天，5—6月生产，每胎产1～2仔。哺乳期为2个月。北山羊1～2岁性成熟，寿命为12～18年。

常感染的病原体 —— 小反刍兽疫病毒

北山羊常感染的病原体为小反刍兽疫病毒。该病毒属于副黏病毒科、麻疹病毒属。病毒呈多形性，通常为粗糙的球形，直径150～300纳米。基因组为单股负链RNA。病毒抵抗力不强，50摄氏度半小时即死亡，4摄氏度12小时能将病毒灭活。

该病原体引发的疾病 —— 小反刍兽疫

小反刍兽疫俗称羊瘟，是由小反刍兽疫病毒引起的一种急性病毒性传染病，主要感染小反刍动物。小反刍兽疫为我国一类动物疫病。该病的流行无明显的季节性。2～18个月的幼年动物比成年动物易感。患病动物常见黏膜溃烂、齿龈充血、体温下降。晚期常见口腔和鼻孔周围以及下颌部发生结节和脓疱。该病的传染源主要为患病动物和隐性感染者，病畜的分泌物和排泄物均含有大量病毒。该病通过直接接触患病动物和隐性感染者的分泌物及排泄物而传播，也可通过呼吸道飞沫传播。目前未发现可以传染给人。

科学加油站

一类动物疫病是指对人与动物危害严重，需要采取紧急、严厉的强制预防、控制、扑灭等措施的疫病，包括口蹄疫、猪水疱病、非洲猪瘟等17种疫病。

31. 藏羚羊

藏羚羊被称为"可可西里的骄傲",是我国的特有物种,是青藏高原动物区系的典型代表,具有难以估量的科学价值。藏羚羊为国家一级保护动物。

分类

纲:哺乳纲	目:偶蹄目	科:牛科

形态特征

藏羚羊背部呈红褐色,腹部为浅褐色或灰白色。成年雄性脸部呈黑色,腿有黑色标记,头上长有竖琴形状的角用于御敌。雌性藏羚羊没有角。藏羚羊的底绒非常柔软。成年雌性身高约75厘米,体重25～30千克;雄性身高80～85厘米,体重35～40千克。

分布范围

藏羚羊主要生活在我国的青藏高原,有少量分布在印度拉达克地区,栖息地海拔3250～5500米。它们更能适应海拔4000米左右的平坦地形。这些地区年平均温度低于0摄氏度,生长季节短。

生活习性

藏羚羊生存区域跨度较大,季节性迁徙是它们重要的生态特征。雌性和雄性藏羚羊活动模式不同。成年雌性和它们的雌性后代每年从冬季交配地到夏季产羔地迁徙,行程达300千米。年轻雄性藏羚羊会离开群落，同其他年轻或成年雄性藏羚羊聚到一起，直至最终形成一个混合的群落。

食性

藏羚羊主要以禾本科、莎草科及其他沙生植物的嫩枝、茎、叶为食，冬季则啃食干草茎和枯叶，忍耐干旱的能力较强。

繁殖方式

藏羚羊的繁殖季节在6—7月份。雌性孕期为6个月左右，每胎产1仔。藏羚羊2~3岁性成熟。由于恶劣的环境和天敌的猎食，幼仔的存活率很低，活到3岁的占少数。人工饲养的藏羚羊寿命大约为10年。

常感染的病原体 —— 口蹄疫病毒

藏羚羊常感染的病原体为口蹄疫病毒。该病毒属于小RNA病毒科、口蹄疫病毒属。病毒粒子的直径为20~25纳米，呈二十面体立体结构。成熟病毒粒子约含30%的RNA，其余70%为蛋白质。

该病原体引发的疾病 —— 口蹄疫

口蹄疫是由口蹄疫病毒感染引起的一种急性、热性、高度接触性传染病，是我国一类动物疫病，主要感染猪、牛、羊等家畜和其他家养、野生偶蹄类动物。该病具有易感动物种类繁多、传播途径多样、四季均可发病等特点。口蹄疫的死亡率较低，一般在2.5%左右；但发病率却可达到100%。动物发病后可见体温升高，口腔黏膜有散在的出血点。口蹄疫病毒可以依附在空气中的尘埃上，随风转移，远距离流行。

科学加油站

蛋白质是生命的物质基础，是有机大分子，是构成细胞的基本有机物，是生命活动的主要承担者。

哺乳纲

32. 大食蚁兽

大食蚁兽属于贫齿目食蚁兽科，是食蚁兽的一种，在现存四种食蚁兽中体形最大。它们以长长的舌头闻名于世，最长可达60厘米。

分类

纲：哺乳纲	目：贫齿目	科：食蚁兽科

形态特征

大食蚁兽体形大，体长可达1.8～2.4米，可重达25千克。头骨长呈圆筒状，有复杂的鼻甲，没有牙齿。蠕虫状的长舌能灵活伸缩，且舌上富有唾液腺和腮腺分泌物的混合黏液，用于粘取众多的蚁类。体毛长而坚硬，可长达40厘米，尾部密生长毛，头细长，眼、耳极小，嘴巴成管状。前肢除第五指外，均具有钩爪；后肢短，五爪大小相仿。

分布范围

大食蚁兽主要分布于中美洲和南美洲，从墨西哥最南端到巴西、巴拉圭的广大地区，喜欢栖息于森林、草地、落叶林和雨林地区。

生活习性

大食蚁兽性情温和，动作迟缓，但有极好的嗅觉，能靠鼻子嗅出蚁穴，所有食蚁兽在地面活动时显得缓慢而笨拙。大食蚁兽主要在白天出来活动。

食性

大食蚁兽主要吃蚂蚁、白蚁及其他昆虫。它们没有牙齿，当长嘴前端的鼻子嗅出食物的气味以后，通常用有力的前肢撕开白蚁的巢，趁白蚁惊慌逃窜时，它们便伸出长约30厘米的舌头，利用舌上的黏液粘住白蚁，把白蚁送进嘴里，囫囵吞食。它们靠胃部变厚的幽门来研磨食物。

繁殖方式

大食蚁兽在每年春天开始交配产仔，每胎产1仔。雌兽胸部长有6个乳头，一般哺乳期为7个月，大食蚁兽在整个哺乳期内照顾幼仔。

常感染的病原体 —— 艾美耳球虫

大食蚁兽常感染的病原体为艾美耳球虫。艾美耳球虫属于艾美耳科、艾美耳属。艾美耳球虫的形态特征随生活史的不同而不同，最常见的是卵囊。卵囊呈圆形、椭圆形或卵圆形，多寄生于宿主的肠上皮细胞，对外界环境具有较强的抵抗力，在潮湿、阴凉的环境中，可保持感染能力数周至数月，甚至可达1年以上。

该病原体引发的疾病 —— 球虫病

球虫是一组细胞内的寄生原虫，几乎可感染各种脊椎动物，引发动物的球虫病。艾美耳球虫没有中间宿主，可以直接发育。在野生动物中，球虫感染和排泄卵囊的现象较为普遍，一般无明显症状，从实验动物和动物园的发病情况来看，有的症状较轻，严重时部分动物会发生死亡。

科学加油站

世界上的"七大洲"是指亚洲、非洲、南极洲、南美洲、北美洲、欧洲和大洋洲。

世界上的"四大洋"是指太平洋、大西洋、印度洋和北冰洋。

33. 豹猫

豹猫是产于亚洲的小型猫科动物，除了交配季节外，它们一般为独处。不同地区的豹猫在体形和外观上有着很大的差异。

纲：哺乳纲	目：食肉目	科：猫科

形态特征

豹猫头体长40~75厘米，雄性体重1~7千克，雌性体重0.6~4.5千克。尾长大约为头体长的一半。豹猫眼睛较大，瞳孔直立；耳朵小，呈圆形或尖形。豹猫体形和家猫相仿，但更加纤细，腿更长。我国北方的豹猫体形较大，体表的斑点颜色较浅，南方的豹猫体表斑点与条纹的颜色较深。

分布范围

除北部及西部的干旱和高原区域外，豹猫在我国绝大部分省区均有分布。

生活习性

豹猫为夜行性动物，白天栖于树上洞穴内，夜间下地活动。

食性

豹猫通常以啮齿类、鸟类、鱼类、爬行类及小型哺乳动物为食。

繁殖方式

豹猫无特定繁殖季节，孕期为2~3个月，每胎产仔2~4只。

常感染的病原体 —— 猫杯状病毒

豹猫常感染的病原体为猫杯状病毒。该病毒属于杯状病毒科、杯状病毒属。猫杯状病毒为单股正链RNA病毒，不同毒株的形态结构稍有差异。该病毒对有机溶剂不敏感，在pH值3.0的条件下不稳定，50摄氏度30分钟可被灭活，2%氢氧化钠溶液可以有效地灭活该病毒。

该病原体引发的疾病 —— 猫杯状病毒感染

猫杯状病毒感染是由猫杯状病毒感染家猫以及猫科动物而引起的一种高度接触性传染病，是家猫常见的上呼吸道疾病之一，豹猫也易感染。发病后常见发热症状，舌头与口腔出现溃疡，打喷嚏，流脓性鼻分泌物，眼睛周边出现大量分泌物。患病的野生猫或者家养的猫是主要传染源；主要通过接触传播，也可以通过近距离的飞沫传播。该病在世界范围内流行，发病率为2%~40%。

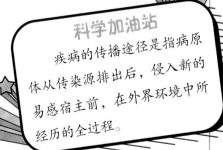

科学加油站

疾病的传播途径是指病原体从传染源排出后，侵入新的易感宿主前，在外界环境中所经历的全过程。

鸟纲

1. 大天鹅

大天鹅是大型水鸟，雄雌同形同色，通体洁白，颈部极长，体态优雅，是世界上飞得最高的鸟类之一，能飞越世界最高峰——珠穆朗玛峰，最高飞行高度可达9000米以上。大天鹅为国家二级保护动物。

分类

纲：鸟纲	目：雁行目	科：鸭科

形态特征

大天鹅体形高大，体长1.2～1.6米，翼展2.18～2.43米，体重8～12千克。雌性比雄性略小，全身洁白，仅头部稍有棕黄色。虹膜暗褐色，嘴黑色，上嘴基部黄色，黄斑沿两侧向前延伸至鼻孔之下，形成一喇叭形。跗跖（fūzhí）、蹼（pǔ）、爪也为黑色。幼鸟全身灰褐色，头和颈部较暗，下体、尾和飞羽较淡，嘴基部为粉红色，嘴端黑色。

分布范围

大天鹅在格陵兰岛和欧亚大陆北部繁殖，到中欧、中亚和东亚地区越冬。在我国，大天鹅在新疆、内蒙古和东北地区繁殖，在黄河和长江中下游地区越冬。

生活习性

大天鹅喜欢集群而居，除繁殖期外常成群生活，特别是冬季，常以家族群活动，有时也有多至数十只，甚至数百只的大群栖息在一起。大天鹅胆小，警惕性极高，活动和栖息时远离岸边，游泳也多在开阔的水域，甚至晚上也栖息在离岸较远的水中。它们的栖息地较为固定，通常多在水上活动。

食性

大天鹅主要在早晨和黄昏觅食，主要以水生植物的叶、茎、种子和根茎为食，也吃少量动物性食物。

繁殖方式

大天鹅保持着一种稀有的"终身伴侣制"，在南方越冬时不论是取食或休息都成双成对。繁殖期在5—6月，每窝产卵4～7枚。卵为白色或一点儿黄灰色，重约330克。孵化期为31～40天。大天鹅寿命为20～25年。

常感染的病原体 —— 禽流感病毒

大天鹅常感染的病原体为禽流感病毒。该病毒属于正黏病毒科、A型流感病毒属。病毒呈多形性，其中球形直径80～120纳米，有囊膜，可分为18个H亚型（H1～H18）和11个N亚型（N1～N11）。

该病原体引发的疾病 —— 禽流感

禽流感是由禽流感病毒引起的一种急性传染病，病毒基因变异后能够感染人，病死率很高。我国将其列为一类动物疫病。禽流感分布范围广，多在冬春两季流行。传染源主要为患禽流感或携带病毒的家禽、野鸟或猪，许多家禽都可感染病毒发病。高致病性禽流感在禽、鸟之间主要依靠空气、粪便、饲料和饮水等传播。病毒可以随病禽的呼吸道、眼鼻分泌物、粪便排出，主要经呼吸道传播，通过密切接触传播。人接触病禽后也可能引起感染。

科学加油站

候鸟是一种随季节不同周期性迁徙的鸟类。夏天时这些鸟在纬度较高的温带地区繁殖，冬天时则在纬度较低的热带地区过冬。夏末秋初候鸟由繁殖地迁移到越冬地，春天由越冬地返回繁殖地。

2. 帝企鹅

　　企鹅是一种古老的游禽，有"海洋之舟"的美称，大多数都分布在南半球。企鹅属于海洋鸟类动物，全世界的企鹅共有18种，它们虽然不会像鸟儿一样飞翔，但是游泳的本领在鸟类中却是超级选手。帝企鹅也称皇帝企鹅，是企鹅家族中个体最大的物种，是唯一一种在南极洲的冬季进行繁殖的企鹅。

分类

纲：鸟纲	目：企鹅目	科：企鹅科

形态特征

　　成年帝企鹅身高可达120厘米，体重可达46千克。帝企鹅身披黑白分明的"大礼服"，喙赤橙色，脖子底下有一片橙黄色羽毛，向下逐渐变淡。雄性帝企鹅双腿和腹部下方之间有一块布满血管的紫色皮肤的孵卵斑，能让蛋在环境温度达零下40摄氏度的低温中保持在36摄氏度。它们身体表面覆盖厚厚羽毛的部分比周围的空气温度要低，酷似穿了一件"冷外套"。

分布范围

　　帝企鹅分布在南极大陆位于南纬66度至78.5度之间的许多地方，主要生活于南极洲以及附近的海洋中。

生活习性

帝企鹅是群居动物，活动时间固定，无论是觅食和筑巢都聚集成群体。活动区域主要有两处：一处为饮食区，一处为繁殖区。它们常年往来于这两个区域。仅在每年的1—3月，帝企鹅会分散到大洋中，分成小群进行捕食。帝企鹅还是一个潜水健将，最深的潜水记录甚至可达565米。

食性

帝企鹅主要以甲壳类动物为食，偶尔也捕食小鱼和乌贼。

繁殖方式

帝企鹅一年只繁殖一次。为了躲避天敌，他们通常选择在南极严寒的冬季冰上繁殖后代，一般在5月份左右产蛋，由雄帝企鹅负责孵蛋，以孵卵斑保温，孵化时间大约65天。小帝企鹅出生后，企鹅爸爸会以孵卵斑协助小企鹅保温，从食道的一个分泌腺中分泌出乳白色的乳状物质来喂食小帝企鹅。在野生环境，帝企鹅的寿命一般为10年左右，个别寿命可达20年。

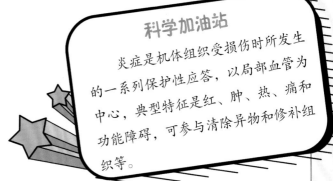

 ## 常感染的病原体 —— 弓形虫

帝企鹅常感染的病原体为弓形虫。该病原体属于肉孢子虫科、弓形体属。它是一种细胞内寄生虫，大多数寄生于神经系统的细胞中。虫体侵入细胞后进行增殖，引起组织的炎症和水肿。

 ## 该病原体引发的疾病 —— 弓形虫病

一般来说弓形虫的流行没有严格的季节性，但在秋冬季和早春发病率较高。病畜和带虫动物为主要传染源，人、畜、禽及许多野生动物等均为易感动物。动物感染后不表现临床症状。弓形虫多藏在这些地方：猫狗粪便污染的土壤，生的、半生不熟的家禽类肉食，未经消毒的羊奶、酸乳酪和奶酪，没洗干净或未经过烹饪的蔬菜、水果，等。病原体经口吃入或者经损伤的皮肤、眼、鼻等途径侵入宿主造成感染。

科学加油站

炎症是机体组织受损伤时所发生的一系列保护性应答，以局部血管为中心，典型特征是红、肿、热、痛和功能障碍，可参与清除异物和修补组织等。

3. 红领绿鹦鹉

红领绿鹦鹉又名环颈鹦鹉、玫瑰环鹦鹉，生命力与适应力很强，种群数量稳定。红领绿鹦鹉为国家二级保护动物。

分类

| 纲：鸟纲 | 目：鹦形目 | 科：鹦鹉科 |

形态特征

红领绿鹦鹉属于中型鸟类。雄鸟头部为灰绿色，在颈部两侧和耳羽后面逐渐变为淡蓝色；上体为辉草绿色，邻近玫瑰红色颈环处为蓝色；尾羽逐渐变长，中央尾羽最长，颜色为蓝绿色；翅膀为绿色。雌鸟的颏部、喉部没有黑色，头上没有黑纹和玫瑰红色的领环，尾羽较短，其余羽色与雄鸟相似。

分布范围

红领绿鹦鹉主要分布在我国南部以及印度、缅甸和非洲部分地区。

生活习性

红领绿鹦鹉是一种留鸟，终年生活在一个地区，不随季节迁徙；常成群活动，主要生活于低地热带森林，也常飞至果园、农田和空旷草场地中。它们一般以配偶和家族形成小群活动，栖息在林中树枝上，主要以树洞为巢。

食性

红领绿鹦鹉主要食用树上或者地面上的植物果实、种子、坚果、浆果、嫩芽、嫩枝等，兼食少量昆虫。

繁殖方式

红领绿鹦鹉的繁殖期为2—5月。它们不筑巢，卵产在树洞或建筑物的空隙中，每窝可产4～10枚蛋，孵化以雌鸟为主，孵化期为18天。雌雄亲鸟共同育雏，育雏期为30天左右。

常感染的病原体 —— 鹦鹉热衣原体

红领绿鹦鹉常感染的病原体为鹦鹉热衣原体。该衣原体属于衣原体科、衣原体属。该衣原体有两种大小不同的颗粒。小颗粒直径0.2～0.5微米，外形呈球形或卵形，具有感染性；大颗粒直径0.6～1.5微米，呈球形或不规则形，是衣原体的繁殖体。该衣原体对热敏感，高温下可迅速被灭活。

该病原体引发的疾病 —— 鹦鹉热

鹦鹉热是鹦鹉热衣原体引起的一种重要的人兽共患传染病。病原体主要存在于发病动物的粪便、乳汁、痰液及被污染的牧草、饮水、饲料等地方，可通过飞沫经呼吸道传播，是禽鸟的一种广泛传播的疾病。人接触后也易感染，出现发热等症状。

科学加油站

衣原体是一类能通过细菌滤器、在细胞内寄生、有独特发育周期的原核细胞型微生物。衣原体广泛寄生于人、哺乳动物及鸟类。能引起人类疾病的有沙眼衣原体、肺炎衣原体、鹦鹉热衣原体。

4. 非洲鸵鸟

非洲鸵鸟是世界上最大的一种鸟类，像蛇一样细长的脖颈上支撑着一个很小的头，上面有一张三角形的嘴，不能飞行。因生长快、繁殖力强、易饲养和抗病力强等优点，非洲鸵鸟在许多国家被广泛进行人工繁育。

分类

纲：鸟纲	目：鸵鸟目	科：鸵鸟科

形态特征

非洲鸵鸟体长1.8~3米，身高2.4~2.8米，体重130~150千克。它们长相奇特，躯干粗短，胸骨扁平，没有龙骨突起，上面生有一对短翅膀；尾羽蓬松而下垂；腿很长，十分粗壮，有一部分裸露无羽毛，呈粉红色；脚也极为强大，趾的下面有角质的肉垫，富有弹性并能隔热，适于在沙地中行走或奔跑。

分布范围

非洲鸵鸟主要分布于欧亚大陆及非洲北部，包括安哥拉、喀麦隆等国家和地区。

生活习性

非洲鸵鸟具有极好的耐热性，可以几个月不饮水，在清晨和黄昏活动最为频繁；爱结群而居，通常为10~15只，如有雏鸟和幼鸟时可以达到40~50只；喜欢饮水和沐浴。

食性

非洲鸵鸟以植物的茎、叶、果实等为食，尤其是开花的灌木、寄生的匍匐植物、地面蔓生的葫芦科植物和野生无花果等，也吃昆虫、软体动物、鸟类等。

繁殖方式

非洲鸵鸟一般1只雄鸟配3~5只雌鸟。鸵鸟交配后约1周左右开始产卵。雌鸵鸟通常每隔1天或2天产1枚卵，直到巢内有12~16枚卵时，便开始了长时间的孵化。雌鸵鸟多在白天孵卵，雄鸵鸟则在夜间孵卵。孵化期为40~42天。鸵鸟的寿命为60年。

● 常感染的病原体 —— 沙门菌

非洲鸵鸟常感染的病原体为沙门菌。该细菌属于肠杆菌科、沙门菌属。菌体呈直杆状，大小为（0.7~1.5微米）×（2.0~5.0微米）。该细菌在水中不易繁殖，但可生存2~3周，在冰箱中可生存3~4个月，在自然环境的粪便中可存活1~2个月，最适繁殖温度为37摄氏度，在20摄氏度以上就能大量繁殖。

● 该病原体引发的疾病 —— 禽伤寒

禽伤寒是由沙门菌感染引发的一种疾病，多种野生动物、家禽等均可感染而发病。生病的动物和带菌者都是该病的主要传染源，由粪便、尿、乳汁及流产的胎儿等排出病菌，污染水源和饲料，后经消化道感染其他动物。该病一年四季均可发生，但在多雨潮湿季节发病较多。人接触后也有少数可传染。

科学加油站

人工繁育是指把某种原本生活于野生状态下的动物，通过人工驯化的方式，培育人工养殖的后代。一定要能产生后代才算人工繁育成功。

5. 丹顶鹤

丹顶鹤具备鹤类的特征，即"三长"——嘴长、颈长、腿长。成年的丹顶鹤除颈部和飞羽后端为黑色外，全身洁白，头顶皮肤裸露，呈鲜红色。丹顶鹤为国家一级保护动物。

分类

纲：鸟纲	目：鹤形目	科：鹤科

形态特征

丹顶鹤是一种大型涉禽（指那些适应在水边生活的鸟类），体长1.2~1.6米，颈、脚较长，通体大多白色，头顶鲜红色，喉和颈黑色，耳至头枕白色，脚黑色。站立时颈、尾部飞羽和脚黑色，头顶红色，其余全为白色；飞翔时仅次级和三级飞羽以及颈、脚黑色，其余全为白色，特征明显，极易识别。丹顶鹤成鸟每年换羽两次，春季换成夏羽，秋季换成冬羽，属于完全换羽，会暂时失去飞行能力。

分布范围

丹顶鹤在我国东北三江平原等地、日本和西伯利亚东南部地区繁殖，在我国江苏盐城、山东黄河三角洲等渤海至黄海沿岸地区和日本、朝鲜半岛越冬。

生活习性

丹顶鹤常栖息于开阔平原、沼泽、湖泊、海滩及近水滩涂，一般成对或成家族群和小群活动。在迁徙季节和冬季，常由数个或数十个家族群结成较大的群体，有时集群达40～50只，最多可以达到100多只。丹顶鹤每年要在繁殖地和越冬地之间进行迁徙。

食性

丹顶鹤主要以浅水的鱼、虾、水生昆虫、软体动物、蝌蚪及水生植物的叶、茎、块根、球茎、果实等为食，因季节不同而有所变化。

繁殖方式

丹顶鹤鸣声非常嘹亮，可以作为明确领地的信号，也是发情期互相交流的重要方式。每年的繁殖期从3月开始，持续6个月，到9月结束。丹顶鹤每年产1窝卵，一般2～4枚。孵卵由雌雄鸟轮流进行，孵化期31～32天。

常感染的病原体 —— 马立克氏病病毒

丹顶鹤常见的病原体为马立克氏病病毒。该病毒属于疱疹病毒科、马立克病毒属。病毒粒子直径150纳米。完全病毒对环境抵抗力强，可在外界环境存活数月；不完全病毒抵抗力弱。该病毒对热、酸及消毒剂的抵抗力很弱。

该病原体引发的疾病 —— 马立克氏病

马立克氏病是由于感染马立克氏病毒而导致的一种高度接触性传染病，1907年在匈牙利首先被报道。家鸡、野鸡、火鸡、丹顶鹤等都具有易感性，且鸭、鹅等也能够感染，但哺乳动物无法感染。发病的丹顶鹤主要表现为精神不振、羽毛蓬乱、厌食、明显脱水、排出黄绿色稀便。主要传染源是病禽和带病毒禽。病禽羽毛囊、皮肤上存在大量病毒，并会通过皮屑脱落以及换羽对各处造成污染，健康禽群会由于吸入被病毒污染的尘埃而感染。

科学加油站

换羽是指羽毛的定期更换，这是鸟类的一个重要的生物学现象。换羽可以使羽毛长年保持完好，并能应对羽毛的损伤。

6. 绿孔雀

绿孔雀是一种大型鸡类动物，通常雄鸟为了吸引雌鸟，会炫耀性地开启自己的尾屏，我们称之为"孔雀开屏"。野生的绿孔雀数量稀少，为国家一级保护动物。

分类

纲：鸟纲	目：鸡形目	科：雉科

形态特征

孔雀是体形最大的雉科鸟类，体重7~8千克。雄鸟全长约1.4米，雌鸟约1米。孔雀头顶翠绿，羽冠蓝绿而呈尖形；尾上覆羽特别长，形成尾屏，鲜艳美丽；真正的尾羽很短，呈黑褐色。雌鸟无尾屏，羽色暗褐而多杂斑。

分布范围

绿孔雀分布于印度东北部、缅甸、中南半岛和爪哇岛，在中国仅见于云南西部和西南部，野生数量稀少。

生活习性

绿孔雀是一种留鸟，不随季节迁徙，栖息于热带和亚热带地区海拔2000米以下的河谷地带，以及疏林、竹林、灌丛附近的开阔地，常成群活动，擅于奔走，不擅于飞行。它们性格机警，胆小怕人，鸣声高而洪亮。

食性

绿孔雀是一种杂食动物，在清晨和临近傍晚时觅食活动较为频繁。它们通常在草丛中寻找种子、浆果，也吃稻谷、嫩芽、禾苗，有时也会在河边捉食昆虫、蜥蜴、青蛙等。

繁殖方式

绿孔雀的繁殖期为6—12月。此时雄鸟的羽毛特别绮丽，喜欢把巢建在灌丛中的地面凹坑上。绿孔雀每次产卵4～8枚，一般为5～6枚。卵呈钝卵圆形，乳白、棕色或乳黄色，不具斑点。孵卵由雌鸟承担，经28～30日才孵出雏鸟，雏鸟有隐蔽于雌鸟尾下的习性。生长缓慢，第三年才被有成年的羽衣。

● 常感染的病原体 —— 鸡败血支原体

绿孔雀常感染的病原体为鸡败血支原体。该病原体属于支原体目、支原体科。它具有一般支原体的形态特征，呈球形，直径0.25～0.5微米。一般消毒液即可将其迅速杀死。

● 该病原体引发的疾病 —— 鸡败血支原体病

鸡败血支原体病是由动物感染鸡败血支原体后导致的一种呼吸道传染病。该病发病慢，病程长，易流行。该病主要通过飞沫传染给其他动物，或者经过污染的饲料和水传染。该病原体主要感染鸡、火鸡、孔雀等动物，发病后表现为食欲缺乏、眼睑肿胀、产蛋率和孵化率下降等。

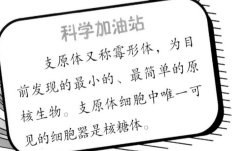

科学加油站

支原体又称霉形体，为目前发现的最小的、最简单的原核生物。支原体细胞中唯一可见的细胞器是核糖体。

7. 绿头鸭

绿头鸭是一种游禽，是大型鸭类动物，外形、大小和家鸭相似，最显著的特征就是雄鸟头、颈呈绿色，是家鸭的祖先。

分类

纲：鸟纲	目：雁形目	科：鸭科

形态特征

绿头鸭体长47～62厘米，体重大约1千克。雄鸟的头、颈呈现绿色，具有辉亮的金属光泽，颈基有一白色领环；雌鸟头顶至枕部黑色，具棕黄色羽缘。

分布范围

绿头鸭在世界范围内广泛分布，种群数量趋于稳定。

生活习性

绿头鸭主要栖息在水生植物丰富的湖泊、河流、池塘、沼泽等水域中，冬季和迁徙期间也出现于开阔的湖泊、水库、江河、沙洲和海岸附近的沼泽及草地。除了部分亚种不迁徙属于留鸟外，其他亚种，包括分布在我国的亚种均属迁徙型鸟类。春季迁徙在3月初至3月末；秋季迁徙在9月末至10月末，部分迟至11月初。

食性

绿头鸭为杂食动物，主要以野生植物的叶、芽、茎、水藻和种子等植物性食物为食，也吃软体动物、甲壳类、水生昆虫等动物性食物，秋季迁徙和越冬期间也常到收割后的农田觅食散落在地上的谷物。

繁殖方式

绿头鸭的繁殖期在4—6月，营巢多于水域岸边草丛中，每窝产卵7～11枚。卵白色或绿灰色，重48～59克。雌鸭孵卵，孵化期为24～27天，6月中旬即有幼鸟出现。雏鸟性成熟较早，雏鸟出壳后不久即能跟随亲鸟活动和觅食。

常感染的病原体 —— 新城疫病毒

绿头鸭常感染的病毒为新城疫病毒。该病毒属于副黏病毒科、副黏病毒属。新城疫病毒是单链RNA病毒，有包膜。病毒粒子呈多形性，有圆形、椭圆形和长杆状等，一般为圆形。成熟的病毒粒子直径100～400纳米。病毒对外界环境的抵抗力较强，55摄氏度作用45分钟和阳光直射下作用30分钟才被灭活。大多数去污剂能将它迅速灭活。

该病原体引发的疾病 —— 新城疫

新城疫是一种禽类的烈性传染病，对家禽危害极大。该病的宿主范围大，现已报道鹅、鸭、企鹅、孔雀等均能感染发病。病毒存在于病禽的所有组织、器官、体液、分泌物和排泄物中。鸭类感染后常表现为精神沉郁、食欲不振、腹泻、消瘦、下肢麻痹、产蛋减少等。在流行间歇期的带病毒禽也是该病的传染源。该病一年四季均可发生，但以春秋季较多。

科学加油站

游禽属于鸟类六大生态类群之一，是指适应在水中游泳、潜水捕食生活的鸟类，如雁、鸭、天鹅等。

涉禽属于鸟类六大生态类群之一，是指那些适应在水边生活的鸟类，如苍鹭、夜鹭等。

8. 夜鹭

　　夜鹭（lù）是一种小型鹭类，因有夜间捕食的习惯，所以被称为"夜鹭"。该物种分布范围广，目前种群数量趋于稳定。

分类

纲：鸟纲	目：鹳形目	科：鹭科

形态特征

　　夜鹭的成鸟顶冠为黑色，颈及胸白色，背黑色，两翼及尾灰色。繁殖期颈背具两条白色丝状羽，腿及眼先变成红色。雌鸟体形较雄鸟小。幼鸟及亚成鸟密布褐色纵纹及斑点。

分布范围

　　夜鹭广泛分布于北美洲、南美洲、欧亚大陆及非洲，全球共有4个亚种。它们是我国中部、东部、南部各省区湿地中常见的鸟类，冬季会迁徙至中国南方沿海及海南岛。

生活习性

夜鹭喜欢结群活动，常成小群于清晨、黄昏和夜间活动，白天结群隐藏于密林中僻静处，或分散成小群栖息在僻静处，偶尔也见有单独活动和栖息的。如无干扰或未受到威胁，它们一般不离开隐居地。

食性

夜鹭主要以鱼、蛙、虾、水生昆虫等动物性食物为食。

繁殖方式

夜鹭的繁殖期为4—7月，每窝产卵3～5枚，通常4枚。卵为卵圆形和椭圆形，蓝绿色，平均大小为44毫米×35毫米，重22～27克，平均24克。第一枚卵产出后夜鹭即开始孵卵，由雌雄亲鸟共同承担，以雌鸟为主，孵化期21～22天。雏鸟刚孵出时身上被有白色稀疏的绒羽，经过30多天，雏鸟即能飞翔和离巢。

常感染的病原体 —— 对盲囊线虫

夜鹭常感染的病原体为对盲囊线虫。该寄生虫属于异尖科、对盲囊线虫属。线虫食道缩小，有一盲突，肠盲囊存在。雄虫无翼膜，肛后突7对，一部分位于腹面，另一部分在侧面，肛前突数对。

该病原体引发的疾病 —— 异尖线虫病

对盲囊线虫主要寄生于海鱼、海洋哺乳动物、海鸟和爬行动物，鱼类、鸟类及食鱼的哺乳类动物易感染，呈世界性分布。人会因吃生的或未熟的海鱼而吞入活的幼虫引起感染，出现急腹症和过敏性症状。全球每年都有大量人感染的病例报道，已成为重要的食源性人兽共患寄生虫病，严重威胁人类的健康。

科学加油站

寄生虫是指具有致病性的低等真核生物，可作为病原体，也可作为媒介传播疾病。特征为寄生在宿主或寄主体内或附着于体外以获取维持其生存、发育或者繁殖所需的营养或者庇护的一切生物。

9. 朱鹮

朱鹮（huán）又名朱鹭，是亚洲地区特有的一种中型涉禽，被动物学家誉为"东方宝石"。朱鹮为国家一级保护动物。

分类

纲：鸟纲	目：鹳形目	科：鹮科

形态特征

朱鹮有长喙、凤冠、赤颊，浑身羽毛白中夹红，颈部披有下垂的长柳叶型羽毛，体长约80厘米，体重约1.8千克。雌雄羽色相近，体羽为白色，羽基微染粉红色。后枕部有长的柳叶形羽冠；额至面颊部皮肤裸露，呈鲜红色。初级飞羽基部的粉红色较浓。嘴细长而末端下弯，长约18厘米，呈黑褐色，末端为红色。腿长约9厘米。

分布范围

近100年间，由于人为的破坏，朱鹮的数量急剧下降，分布区域急剧缩小，曾经一度被认为已经灭绝，1981年终于在我国陕西洋县姚家沟发现了2窝共7只朱鹮，轰动全世界。通过加强野外保护和人工繁育等举措，朱鹮野外种群和人工繁育种群总数超过4000只，并已在陕西、河南、浙江等地实现了野化放归。

 生活习性

朱鹮在野生环境中非常喜欢湿地、沼泽和水田，性情孤僻而沉静，胆怯怕人，平时成对或小群活动，对生境的条件要求较高，白天活动觅食，晚上栖于高大的树上。

食性

朱鹮主要以泥鳅、黄鳝等野生杂鱼类为食，也吃田螺、蜗牛等软体动物和蚯蚓等环节动物。

繁殖方式

朱鹮的繁殖期是每年的2—6月，于1月下旬到达繁殖地，2月进行求偶、配对和营巢，3月中旬至4月上旬产卵孵化，5月为育雏期，6月上旬以后幼鸟相继离巢出飞，在繁殖地停留一段时间后，开始向游荡区迁移。

常感染的病原体 —— 胃瘤线虫

朱鹮常感染的病原体为胃瘤线虫。虫体粗而大，盘曲在包囊中。虫体的体表具有条纹，但无棘。虫体头部不特别膨大，口简单，呈裂缝状，有短的咽及长的食道。雄虫交合伞为钟形，无辐肋。雌虫后端粗短，肛门在后端。活体呈淡红色或血红色。

该病原体引发的疾病 —— 胃瘤线虫病

胃瘤线虫病是动物或人感染胃瘤线虫引发的一种传染病。较大的虫体以包囊形式存在，较小的则附在中后肠或肠系膜的外表面且不结囊，更小的个体则寄生于消化道内。人感染后可引起急腹症和过敏性症状。鸟类能全年处于隐性感染状态，在春季、夏季会暴发死亡，也能引起沿海鸟类特别是白鹭等涉禽的大量死亡。

科学加油站

隐性感染是指病原体侵入后，仅引起机体产生特异性的免疫应答，不引起或只引起轻微的组织损伤，因而在临床上不显出任何症状、体征甚至生化改变，只能通过免疫学检查发现。

10. 原鸽

原鸽又称野鸽，是家养鸽子的原种，体形、大小也与家鸽相似。目前原鸽的保护现状相对比较安全，受威胁程度较低。

纲：鸟纲	目：鸽形目	科：鸠鸽科

形态特征

原鸽属于中等体形鸟类，通体呈石板灰色，颈部、胸部的羽毛有金属光泽，常随观察角度的变化而呈现由绿到蓝而紫的颜色变化，翼上及尾端各自具有一条黑色横纹，尾部的黑色横纹较宽，尾上覆羽白色。

分布范围

原鸽在中国西北部及喜马拉雅山脉、青海南部至内蒙古东部及河北等地均有分布，为地方性常见鸟。

生活习性

原鸽一般为雌雄双栖，结群活动和盘旋飞行是其行为特点。原鸽原本为崖栖性的鸟，被人类驯化后能很快适应城市的生活环境。

食性

原鸽的主要食物是植物，包括各种植物的果实和种子，如玉米、花生、芸豆等。

繁殖方式

原鸽的繁殖季节有地区之间的差异，通常4—8月为繁殖期。原鸽一窝产卵2枚，卵为白色。孵化期约18天，雌雄交替孵蛋，并都能从嗉囊中吐出乳糜来哺养雏鸽。它们的巢一般是干草和小树枝搭建成的平板状巢，中央稍凹。

常感染的病原体 —— 鸽圆环病毒

原鸽常感染的病毒为鸽圆环病毒。该病毒属于圆环病毒科、圆环病毒属。病毒结构为球体，无囊膜，直径为15～18纳米，呈二十面体对称，是目前已知最小的一种无囊膜、单股负链环状DNA病毒。

该病原体引发的疾病 —— 鸽圆环病毒病

鸽圆环病毒病是由鸽圆环病毒引发的一种接触性传染病，最初报道于1993年，鸽目前是该病毒的唯一宿主，病毒主要侵害幼鸽。通常2月龄至1岁的幼鸽最易感染，病死率达100%。除了通过垂直传播，如禽蛋等，还可以水平传播，如排泄物等。

科学加油站

接触性传染病包括呼吸道传染病、消化道传染病及皮肤接触性传染病。除伤寒、痢疾外，还有霍乱、血吸虫病、细菌性痢疾、肝炎等。

爬行纲

1. 扬子鳄

扬子鳄也称作鼍（tuó），是中国特有的一种鳄鱼。在扬子鳄身上，至今还可以找到早先恐龙类爬行动物的许多特征，被人们称为"活化石"。扬子鳄为国家一级保护动物。

分类

纲：爬行纲	目：鳄目	科：短吻鳄科

形态特征

成年扬子鳄体长一般只有1.5米，体重约36千克。四肢短而有力，前肢和后肢有明显区别：前肢有5指，指间无蹼；后肢有4趾，趾间有蹼。初生小鳄鱼为黑色，带黄色横纹。吻短而钝圆，吻的前端生有鼻孔1对，鼻孔有瓣膜可开可闭。

分布范围

扬子鳄主要分布在我国安徽、浙江等地的局部地区。

生活习性

野生扬子鳄喜欢栖息在湖泊、沼泽的滩地或丘陵山涧长满乱草蓬蒿的潮湿地带。洞穴常有几个洞口，洞内似地下迷宫。扬子鳄具有冬眠习性，每年10月就钻进洞穴中冬眠，到来年4、5月才出来活动。

食性

扬子鳄以各种兽类、鸟类、爬行类、两栖类和甲壳类动物为食。

繁殖方式

扬子鳄在6月份交配，7—8月产卵，每窝可产卵20枚以上。卵常产于草丛中，上覆杂草，母鳄守护在一旁，靠自然温度孵化，孵化期约为60天。

常感染的病原体 —— 西尼罗病毒

扬子鳄常感染的病毒为西尼罗病毒。该病毒属于黄病毒科、黄病毒属。病毒呈球形，直径20～50纳米，呈二十面体对称，为单股正链RNA病毒，对乙醚、福尔马林、热敏感，能被紫外线迅速灭活。

该病原体引发的疾病 —— 西尼罗病毒感染

西尼罗病毒感染是由西尼罗病毒引发的一种人兽共患传染病，流行季节在温带以夏季为主，在热带终年可发病。蚊子吸食感染病毒的鸟类血液后，病毒存在于蚊子等媒介昆虫体内，当叮咬其他动物或人时就会传播病毒。人、家禽与鸟类之间无法直接传播。临床多表现为自限性感染，部分动物或人会出现高热症状，称为西尼罗热。病毒进入动物或人的血液后会透过血脑屏障进入脑内引发西尼罗脑炎，多见于儿童和老年人。

科学加油站

媒介昆虫指的是"病媒昆虫"。常见的病媒昆虫主要有苍蝇、蟑螂、蚊子、跳蚤等。这些昆虫都是许多传染性疾病的重要媒介，常见的传染病有疟疾、登革热、痢疾、伤寒、肝炎、鼠疫等。

2. 四爪陆龟

四爪陆龟,又称旱龟、草原龟。在民间传说中,陆龟象征着缓慢、坚定和长寿。四爪陆龟为国家一级保护动物。

分类

| 纲:爬行纲 | 目:龟鳖目 | 科:陆龟科 |

形态特征

四爪陆龟一般都有高拱的背壳,皮肤表面干燥,前腿粗大而钝圆,后腿如象脚,具短趾,趾间无蹼,行动比较缓慢。其背、腹面有甲板,躯干部的脊椎骨、胸骨、肋骨与甲板愈合。甲板上覆角质鳞板。四爪陆龟无牙齿,颌部形成坚硬的喙,多数种类的头和腿能缩入壳内以获保护。背甲长12~16厘米,宽10~14厘米。背甲中部略微扁平,看上去其背甲基本上呈圆形。头部与四肢均为黄色,成年龟体色为黄橄榄色或草绿色,并有不规则黑斑。

分布范围

四爪陆龟在我国主要分布于天山支脉阿克拉斯山的前山荒漠地带;国外分布于哈萨克斯坦南部荒漠、天山山脉的西南部及黑海东岸,伊朗西部和印度西北部也有分布。

 生活习性

四爪陆龟属于变温动物，生活在海拔700～1000米的黄土丘陵地，常在蒿草丰富、土质湿润、螺壳较多的阴坡凹地栖息，习惯隐匿于洞穴中，白天外出活动，阴天或夜晚躲藏在洞穴中。

食性

四爪陆龟喜欢食用优良的牧草、蔬菜、水果，好饮水。

繁殖方式

四爪陆龟每年3月中旬从冬眠中苏醒后就开始择偶交配，5月底产卵，每年仅产卵1～4枚。卵为白色，长椭圆形，平均重18～19克。自然条件下，约60天后幼龟即可孵出，但它们在当年不吃不喝，有些甚至留在壳中，等来年才出来活动。幼龟生长较快，成年龟生长较慢，雌龟12年、雄龟10年才能性成熟。

常感染的病原体 —— 陆龟疱疹病毒

四爪陆龟常感染的病原体为陆龟疱疹病毒。该病毒属于疱疹病毒科、α疱疹病毒亚科。疱疹病毒是一类较大的双链DNA病毒，有100多种，根据其理化性质分α、β、γ、未分类疱疹病毒4个亚科。

该病原体引发的疾病 —— 坏死性口腔炎

坏死性口腔炎是由疱疹病毒引发的一种常见传染病。病毒在自然界广泛分布，可感染两栖类（蛙、龟）、禽类（鸡）、哺乳类（兔、马、牛、猪、猫），也能感染灵长类（猴），尤其在龟群中传播甚广。人可通过呼吸道、皮肤和黏膜密切接触感染，主要引起口唇、咽、眼、皮肤及生殖器感染产生疱疹。

科学加油站

变温动物，俗称冷血动物，除了哺乳类和鸟类的动物，地球上的动物大部分都是变温动物。变温动物因为动物的体内没有自身调节体温的机制，仅能靠自身行为来调节体热的散发或从外界环境中吸收热量来降低或提高自身的体温。

3. 中华眼镜蛇

中华眼镜蛇，又称为舟山眼镜蛇，属于大型前沟牙毒蛇。它们自身分泌的毒素可以导致被咬者体内出血及流血不止，被咬后如不及时治疗会有生命危险。眼镜蛇蛇毒血清可以用于治疗严重的蛇咬伤。

分类

纲：爬行纲	目：有鳞目	科：眼镜蛇科

形态特征

中华眼镜蛇体形中等偏大，一般为黑褐或暗褐色，背面有或无白色细横纹，成体全长1.5~2米，头呈椭圆形，颜色多样。最明显的特征是其颈部皮褶，受惊扰时，常常竖立起前半身，颈部扁平扩大，做出攻击姿态，同时颈背露出呈双圈的"眼镜"状斑纹，故而得名。

分布范围

中华眼镜蛇在我国主要分布在南方，如安徽、重庆、浙江、广东等地，北方地区较少，偶尔可见。

生活习性

中华眼镜蛇耐高温，惧冷，冬季喜欢集群冬眠，当气温低于9摄氏度时容易被冻死。它们喜欢生活在平原、丘陵、山区的灌木丛或竹林、山坡坟堆、山脚水旁、溪水鱼塘边、田间等地方。

食性

中华眼镜蛇主要在白天外出活动觅食，既吃蛇类、鱼类、蛙类，也吃鸟类、蛋类，有些也吃蜥蜴、泥鳅、鳝鱼及其他小鱼等。

繁殖方式

中华眼镜蛇的繁殖期为6—8月。雌蛇每次产10～18枚卵，自然孵化50天后成为幼蛇。幼蛇3年后达到性成熟。

常感染的病原体 —— 蛇副黏病毒

中华眼镜蛇常感染的病原体为蛇副黏病毒。该病毒属于副黏病毒科、副黏病毒亚科。它是一种带有囊膜的RNA病毒，直径120～150纳米。

该病原体引发的疾病 —— 副黏病毒感染

蛇副黏病毒仅在圈养的蛇类种群中发生，野生种群中发生较少。副黏病毒感染的动物，若为急性感染，容易突发死亡，一般通过空气、粪便传播。有研究表明，蛇螨是该病的传播媒介。

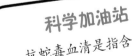

科学加油站

抗蛇毒血清是指含有特异性抗体的血清，它具有中和相应蛇毒的作用，用于被蛇咬伤的患者的治疗。

两栖纲

1. 大鲵

大鲵，俗称娃娃鱼，是现存有尾目中最大的一种，与恐龙同时代，被誉为"活化石"。大鲵为国家二级保护动物。

分类

纲：两栖纲	目：有尾目	科：隐鳃鲵科

形态特征

大鲵体长可达1～1.5米，最重可超过50千克，外形似蜥蜴，头部扁平、钝圆，口大，眼不发达，无眼睑。身体前部扁平，至尾部逐渐转为侧扁，两侧有明显的肤褶。四肢短扁，指、趾前五后四，具微蹼。尾巴呈圆形，尾上下有鳍状物。体表光滑，布满黏液。身体背面为黑色和棕红色混杂，腹面颜色浅淡。

分布范围

大鲵主要分布于长江、黄河及珠江中上游支流的山涧溪流中，一般都匿居在山溪的石隙间，洞穴位于水面以下。

生活习性

大鲵喜欢阴凉，成年大鲵一般穴居，多栖息在海拔100～1200米的水流较急而清凉的溪河中，昼伏夜出，4—10月摄食生长，冬季休眠；幼时群居，有外鳃，喜欢栖息在溪流支流的小水潭内。

食性

大鲵食性广泛，为肉食性动物，常以溪中鱼、虾、蟹、蛙等为食，也捕食螺蚌、水蛇、鼠类及水生昆虫等。大鲵新陈代谢缓慢，在清洁凉爽的水中，数月不吃食物也不会饿死。它们也能暴食，饱餐一顿可增加体重的五分之一。食物缺乏时，大鲵还会出现同类相残的现象，甚至以卵充饥。

繁殖方式

大鲵为卵生动物，4～5个月龄达到性成熟，繁殖期为每年的5—10月。产卵多在夜间进行，一次可产卵400～1500枚。卵为乳黄色，直径5～8毫米，形成长达数米的念珠状卵带，漂浮在水中。雄鲵随即排精，在水中完成受精过程，30～40天后孵化结束。

常感染的病原体 —— 虹彩病毒

大鲵常感染的病毒为虹彩病毒。该病毒属于虹彩病毒科、蛙病毒属。虹彩病毒为双链DNA病毒。病毒粒子呈典型的正二十面体结构，由核衣壳和核心构成，核衣壳呈正六边形。当有斜射光线照射时病毒呈现蓝色或紫色虹彩，故称为虹彩病毒。

该病原体引发的疾病 —— 虹彩病毒病

虹彩病毒引发的传染病为虹彩病毒病。病毒最初多从昆虫体内分离获得，但是以后陆续从许多其他动物如爬行动物、鱼类、软体动物等体内分离到了虹彩病毒。部分虹彩病毒可引起鱼类、蛙等动物的疾病，危害较大。病鲵一般头部肿大，体表有溃烂出血，四肢肿大等症状。

> **科学加油站**
>
> 新陈代谢是指机体与环境之间的物质和能量交换，以及生物体内物质和能量的自我更新过程，包括合成代谢和分解代谢。

2. 虎纹蛙

虎纹蛙，俗称田鸡，个头长得魁梧壮实，有"亚洲之蛙"之称，是唯一列入《国家重点保护野生动物名录》的蛙类。虎纹蛙为国家二级保护动物。

分类

纲：两栖纲	目：无尾目	科：叉舌蛙科

形态特征

雄蛙体长82毫米左右，雌蛙107毫米左右。吻端钝尖，背面黄绿或灰棕色，散有不规则的深色暗纹，皮肤粗糙，有长短不一、断续排列成纵行的肤棱，其间散有小疣粒。

分布范围

虎纹蛙在我国大部分省份和香港等地均有分布，国外可见于缅甸、泰国、越南和马来西亚等地区。

生活习性

　　虎纹蛙常生活于海拔900米以下的稻田、沟渠、池塘、水库、沼泽地等有水的地方，其栖息地随觅食、繁殖、越冬等不同生活时期而改变。繁殖季节虎纹蛙主要在稻田等静水、浅水区活动；幼蛙大多生活于石块砌成的田埂、石缝等洞穴中，尤以傍晚活动最为频繁。

食性

　　虎纹蛙属于肉食性动物，以捕食蝗虫、蝶蛾、蜻蜓、甲虫等昆虫为主，偏爱有泥腥味的食物，如鱼肉、螺肉、蚯蚓等。捕食时间主要在晚上，白天捕食较少。

繁殖方式

　　虎纹蛙的繁殖期为3月下旬至8月中旬。其生殖、发育和变态都在水中进行，无交配器，产卵于水中，在水中受精。虎纹蛙为多次产卵类型，产出的卵粒粘连成小片浮于水面，每片有卵十余粒至数十粒，卵多产于永久性的池塘或水坑内。

🦠 常感染的病原体 —— 壶菌

　　虎纹蛙常感染的病原体为壶菌。该菌属于壶菌门、壶菌纲、壶菌目。菌体为单细胞，成熟时近球形，具有细胞壁，菌体膨大部分转变为孢子囊或配子囊。化学消毒剂、紫外线、加热对消灭壶菌均有显著效果。壶菌对热最为敏感，37摄氏度加热4小时、47摄氏度加热30分钟、60摄氏度加热5分钟致死率均为100%。

🦠 该病原体引发的疾病 —— 壶菌病

　　壶菌病是由壶菌引发的一种传染病。传染高峰在春季和秋季。传染源主要为患病两栖类动物成体、外观健康的感染壶菌的蝌蚪等，主要通过水传播。健康蛙可通过接触含壶菌游动孢子的水而感染。病蛙一般有皮肤红肿、表皮脱落等症状。

科学加油站

　　孢子是指脱离亲本后能直接或间接发育成新个体的生殖细胞。

103

辐鳍鱼纲

中华鲟

中华鲟是古老的珍稀鱼类，它们具有重要的学术研究价值，是研究鱼类和脊椎动物进化的活化石，而且还具有重要的经济价值，和生活在同一水域的白鲟并称为中国的"水中国宝"。中华鲟为国家一级保护动物。

分类

纲：辐鳍鱼纲	目：鲟形目	科：鲟科

形态特征

中华鲟形状奇特，与一般鱼类差异很大，体呈梭形，头大呈长三角形，眼睛以前部分扁平成犁状，并向上翘。口在头的腹面，成一条横裂，能自由伸缩。上下唇具有角质乳突。口前方并列4根小须，鳃孔大。据文献记载，中华鲟最大体重可达560千克。

分布范围

中华鲟主要分布于我国长江干流金沙江以下至入海河口，其他水系如赣江、湘江、闽江、钱塘江和珠江水系均偶有出现。

生活习性

中华鲟在江里出生，在海里长大，适宜于盐度1%~35%的水环境中生存。它们有稳定的生殖洄游习性，有自古以来固定不变的航道，游遍天涯也始终眷恋着母亲河，不管游多远都会回到长江，被形象地称为"爱国鱼"。

食性

中华鲟是一种底栖鱼类，肉食性，主要食用小型或行动迟缓的底栖动物；在海洋中主要以鱼类为食，甲壳类次之，软体动物食用较少。

繁殖方式

中华鲟每年9—11月由入海口溯长江而上，至金沙江与屏山一带繁殖。孵出的幼仔在江中生活一段时间后再回到长江口育肥。在人工养殖条件下，中华鲟的生存水温为0~37摄氏度，生长适宜水温为13~25摄氏度，最佳生长水温为20~22摄氏度。亲鲟适宜催产水温为17~24.5摄氏度。鱼卵最佳孵化水温为17~21摄氏度。

● 常感染的病原体 —— 产碱假单胞菌

中华鲟常感染的病原体为产碱假单胞菌。该细菌属于假单胞菌科、假单胞菌属。菌体为棒状，单独或成对存在，广泛分布于土壤和水生环境中。

● 该病原体引发的疾病 —— 产碱假单胞菌感染

产碱假单胞菌感染是由产碱假单胞菌引发的一种人兽共患传染病。产碱假单胞菌是一种条件致病菌，在自然界中广泛存在，7月份易流行，在多种鱼体内可以分离到该细菌。患病鱼表现为鱼鳃苍白，口腔中可见明显的血斑。免疫力低下的人可以为该细菌的感染创造条件，因此新生儿易感染，可能会导致败血症。

科学加油站

洄游是鱼类一种先天性的本能行为。洄游的距离长的可达到几千千米，短的则只有几千米。洄游的目的是使鱼类种群获得更有利的生存条件，并能更好地繁衍后代。

腹足纲

福寿螺

福寿螺原产于南美洲亚马孙河流域，1981年作为食用螺被引入中国，因其适应性强、繁殖量惊人，成为危害巨大的外来侵入种。它们不仅危害生物多样性和农业生产，也可以成为疾病和寄生虫的载体，严重威胁着人类的健康。

分类

纲：腹足纲	目：中腹足目	科：瓶螺科

形态特征

福寿螺雌雄异体，个体较大，有完整的螺旋形贝壳，成螺壳高40~80毫米，壳径70毫米以上，贝壳呈黄褐色。雌螺壳口单薄，外唇直或略弯，厣（yǎn）周缘平展；雄螺壳口增厚，外唇向外反翘，厣外缘的中部略隆起，上下缘向软体部凹。福寿螺与田螺相似，但形状、颜色、大小有区别。福寿螺的外壳颜色比一般田螺浅，呈黄褐色，田螺则为青褐色；田螺的椎尾长而尖，福寿螺椎尾平而短促；田螺的螺盖形状比较圆，福寿螺的螺盖偏扁。

分布范围

福寿螺主要分布于我国南方各省和东南亚地区。

生活习性

福寿螺喜欢生活在水质清新、饵料充足的淡水中，多群栖于池边浅水区，除产卵或遇有不良环境条件时迁移外，一生均栖于淡水中，遇干旱则紧闭壳盖，可静止不动长达3~4个月甚至更长时间。

食性

　　福寿螺为杂食动物，以植物性饵料为主，喜欢带甜味的食物，也爱吃水中的动物腐肉；尤其喜欢食用鲜嫩多汁的植物，如水稻、莲藕、茭白等。

繁殖方式

　　福寿螺雌雄异体，每年的4—6月份和8—10月份是福寿螺产卵和孵化的高峰期，它们常在夜间产卵。刚产出的卵块呈绯红色葡萄状，当温度处于20～25摄氏度时，卵块孵化时间为17～25天；当温度处于27～32摄氏度时，卵块孵化时间为8～16天。福寿螺仅需2～3个月即可达到性成熟。

常感染的病原体 —— 广州管圆线虫

　　福寿螺常感染的病原体为广州管圆线虫。该虫体较细长，乳白色，头端圆形，口孔周围有2圈小乳突。雄虫体长15～26毫米，雌虫体长21～45毫米。

该病原体引发的疾病 —— 广州管圆线虫病

　　广州管圆线虫的成虫会寄生于鼠体内，通过消化道随粪便排出体外。排出的幼虫被中间宿主（多种软体动物，如螺等）等吞食或幼虫主动侵入中间宿主体内后，经两次蜕皮变为感染性幼虫。有研究证明，每只福寿螺内线虫幼虫多达3000～6000条，如果人生吃或食用未煮熟的螺肉，极易引起广州管圆线虫病。发病后线虫幼虫会入侵人的大脑，损害中枢神经系统。我国很多南方居民喜欢食用福寿螺，易引发传染病。

> **科学加油站**
>
> 　　外来侵入种是指一类外来种在新环境没有天敌的控制，加上旺盛的繁殖力和强大的竞争力，就会变成侵入者，排挤环境中的原生种，破坏当地生态平衡，甚至造成对人类经济的危害性影响，如红火蚁、福寿螺、非洲大蜗牛、巴西龟等。

中国野生动物保护协会简介

　　中国野生动物保护协会成立于1983年，以推动中国野生动物保护事业可持续发展、促进人与自然和谐为宗旨，在野生动物保护公众教育、科技交流、国际合作以及动员组织社会力量参与野生动物保护等方面做了大量富有成效的工作。1984年协会成为世界自然保护联盟（IUCN）的非政府组织成员。